职业技术教育课程改革规划教材
光电技术应用技能训练系列教材

U0358755

激光设备光路系统装调知识与技能训练

JI GUANG SHEBEI GUANGLU XITONG ZHUANGTIAO
ZHISHI YU JINENG XUNLIAN

主　编　孙智娟

副主编　彭旭昀　董　彪　钟正根　徐晓梅

参　编　陈毕双　黄　健　叶海仙　杨捷顺
　　　　丁朝俊　谭　威　王玉珠　王凤娟
　　　　朱爱群　钟嘉璐　黄丽华　付　秀

华中科技大学出版社
http://press.hust.edu.cn
中国·武汉

内 容 简 介

本书共分两个项目,项目1为固体激光器装调,项目2为光路传输系统装调,以真实技能训练项目代替了大部分纯理论推导过程。为保证项目的实现,每个项目分解为若干个任务。每个任务均包含完成任务的知识、技能和职业素养要求。本书还配有《激光设备光路系统装调知识与技能训练工作页》,方便学生使用。

本书可作为全国应用型本科及中、高等职业院校激光技术应用相关专业的一体化课程教材,也可作为激光设备光路系统生产制造企业员工和用户的培训教材,同时可作为激光设备制造和激光设备应用领域的相关工程技术人员的自学教材。

图书在版编目(CIP)数据

激光设备光路系统装调知识与技能训练/孙智娟主编.—武汉:华中科技大学出版社,2022.12
ISBN 978-7-5680-9027-8

Ⅰ.①激… Ⅱ.①孙… Ⅲ.①激光加工-工业生产设备-装配(机械) ②激光加工-工业生产设备-调试方法 Ⅳ.①TG665

中国版本图书馆 CIP 数据核字(2022)第 255275 号

激光设备光路系统装调知识与技能训练   孙智娟 主编
Jiguang Shebei Guanglu Xitong Zhuangtiao Zhishi Yu Jineng Xunlian

---

策划编辑:王红梅
责任编辑:王红梅
封面设计:秦 茹
责任校对:刘 竣
责任监印:周治超
出版发行:华中科技大学出版社(中国·武汉)   电话:(027)81321913
         武汉市东湖新技术开发区华工科技园   邮编:430223
录   排:武汉市洪山区佳年华文印部
印   刷:武汉开心印印刷有限公司
开   本:787mm×1092mm 1/16
印   张:15.75
字   数:386 千字
版   次:2022 年 12 月第 1 版第 1 次印刷
定   价:49.80 元(含工作页)

本书若有印装质量问题,请向出版社营销中心调换
全国免费服务热线:400-6679-118 竭诚为您服务

职业技术教育课程改革规划教材——光电技术应用技能训练系列教材

编审委员会

序　言

　　激光及光电技术在国民经济的各个领域的应用越来越广泛,中国激光及光电产业在近十年得到了飞速发展,成为我国高新技术产业发展的典范。2017 年,激光及光电行业从业人数超过 10 万人,其中绝大部分员工从事激光及光电设备制造、使用、维修及服务等岗位的工作,需要掌握光学、机械、电气、控制等多方面的专业知识,需要具备综合、熟练的专业技术技能。但是,激光及光电产业技术技能型人才培养的规模和速度与人才市场的需求相去甚远,这个问题引起了教育界,尤其是职业教育界的广泛关注。为此,中国光学学会激光加工专业委员会在 2017 年 7 月 28 日成立了中国光学学会激光加工专业委员会职业教育工作小组,希望通过这样一个平台将激光及光电行业的企业与职业院校紧密对接,为我国激光和光电产业技术技能型人才的培养提供重要的支撑。

　　我高兴地看到,职业教育工作小组成立以后,各成员单位围绕服务激光及光电产业对技术技能型人才培养的要求,加大教学改革力度,在总结、整理普通理实一体化教学的基础上,开始构建以激光及光电产业职业活动为导向、以校企合作为基础、以综合职业能力培养为核心,将理论教学与技能操作融会贯通的一体化课程体系,新的教学体系有效提高了技术技能型人才培养的质量。华中科技大学出版社组织国内开设激光及光电专业的职业院校的专家、学者,与国内知名激光及光电企业的技术专家合作,共同编写了这套职业技术教育课程改革规划教材——光电技术应用技能训练系列教材,为构建这种一体化课程体系提供了一个很好的典型案例。

　　我还高兴地看到,这套教材的编者,既有职业教育阅历丰富的职业院校老师,还有很多来自激光和光电行业龙头企业的技术专家及一线工程师,他们把自己丰富的行业经历融入这套教材里,使教材能更准确体现“以职业能力为培养目标,以具体工作任务为学习载体,按照工作过程和学习者自主学习要求设计和安排教学活动、学习活动”的一体化教学理念。所以,这套打着激光和光电行业龙头企业烙印的教材,首先呈现了结构清晰完整的实际工作过程,系统地介绍了工作过程相关知识,具体解决了做什么、怎么做的工作问题,同时又基于学生的学习过程设计了体系化的学习规范,具体解决学什么、怎么学、为什么这么做、如何做得更好的问题。

　　一体化课程体现了理论教学和实践教学融通合一、专业学习和工作实践学做合一、能力培养和工作岗位对接合一的特征,是职业教育专业和课程改革的亮点。相关教材的出版也是一个十分辛苦的工作。我代表中国光学学会激光加工专业委员会对这套教材的出版表示衷心祝贺,希望写出更多的此类教材,全方位满足激光及光电产业对技术技能型人才的要求,同时也希望本套丛书的编者们悉心总结教材编写经验,争取使之成为广受读者欢迎的精品教材。

中国光学学会激光加工专业委员会主任

二〇一八年七月二十八日

前　　言

自从 1960 年世界上第一台激光器诞生以来,激光技术不仅应用于科学技术研究的各个前沿领域,而且已经在工业、农业、军事、天文和日常生活中得到了广泛应用,初步形成较为完善的激光技术应用产业链。

激光技术应用产业链是以激光技术为核心生成各类零件、组件、设备以及各类激光应用市场的总和,其上游主要为激光材料及元器件制造产业,中游为各类激光器及其配套设备制造产业,下游为各类激光设备制造和激光设备应用产业。其中,激光技术应用中游、下游产业需求员工数量最多、素质较高、专业素质要求较高,主要就业岗位分布在激光设备制造、使用、维修及服务全过程,需要从业者掌握光学、机械、电气、控制等多方面的专业知识,具备综合的专业技能。

为满足激光技术应用产业对员工的需求,国内各职业院校相继开办了光电子技术、激光加工技术、特种加工技术、激光技术应用、智能光电制造技术和智能光电技术应用等新兴专业来培养激光技术的技能型人才。由于受我国高等教育主要按学科分类进行教学的惯性影响,激光技术应用产业链中需要的知识和技能分散在多门学科的教学之中,目前专业课程建设和教材建设远远不能适应激光技术应用产业的职业岗位要求。

习近平总书记在党的二十大报告中指出:“加强企业主导的产学研深度融合,强化目标导向,提高科技成果转化和产业化水平。”有鉴于此,我们联合行业内多个企业,以企业真实工作任务和工作过程(即资讯—决策—计划—实施—检验—评价六个步骤)为导向,兼顾专业课程的教学过程组织要求,进行了一体化专业课程改革,开发了专业核心课程,编写了专业系列教材并进行了教学实施。校企双方一致认为,现阶段激光技术应用相关专业应该根据办学条件开设激光设备安装调试和激光加工两大类核心课程,并通过一体化专业课程学习专业知识、掌握专业技能、训练职业素养,为满足将来的职业岗位需求打下基础。

本书就是激光设备安装调试类核心课程的一体化课程教材之一。从 2010 年开始,我们编写了对应的校本教材,应用于历届学生的教学实践中,同时根据教学的反馈情况,不断完善。2022 年,我们决定对校本教材进行一次系统的、全面的修订,并正式出版。本书贴近项目课程“过程导向、任务引领、自主探究、合作共赢”的教学思想;体现“以教师为主导,以学生为主体,以方法为主线,以能力培养为目标”的教学理念;使课程内容更好地突出专业特点,提高教学的针对性和实效性。

本书共分两个项目,项目 1 为固体激光器装调,项目 2 为光路传输系统装调。为保证项目的实现,每个项目分解为若干个任务。每个任务均包含完成任务的知识、技能和职业素养要求。每个任务按引入任务→布置工作任务→信息收集与分析→制定工作计划→任务实施→工作任务检测与评估六步骤进行编写。

本书还配有《激光设备光路系统装调知识与技能训练工作页》,方便学生使用。

本书各章节的内容由主编和全体编写人员集体讨论形成,由深圳技师学院孙智娟执笔编写,全体编写人员参与校稿。武汉天之逸科技有限公司提供了相应的设备支持。深圳市联赢激光股份有限公司的牛增强、武汉天之逸科技有限公司的王玉珠、大族激光科技产业股份有限公司的罗忠陆和广东省激光行业协会的邵火提供了大量的原始资料及编写建议,深圳技师学院激光技术应用专业教研室的全体老师和许多同学参与了资料的收集整理工作。全书由孙智娟统稿。

中国光学学会激光加工专业委员会、广东省激光行业协会和深圳市激光智能制造行业协会的各位领导、专家和学者一直关注这套技能训练教材的出版工作,华中科技大学出版社的领导和编辑们为此书的出版做了大量的组织工作,在此一并深表感谢。

本书在编写过程中参阅了一些专业著作、文献和企业的设备说明书,谨向这些作品的作者表示诚挚的谢意。

由于编者水平和经验有限,书中难免存在错误和不妥之处,恳请广大读者批评指正。

编　者

2022 年 12 月

目　　录

项目 1

固体激光器装调

项目描述

    灯泵浦 YAG 激光器是典型的固体激光器系统,是许多工业激光加工设备的核心部件,如激光打标机、激光焊接机、激光内雕机等。本项目以灯泵浦 YAG 激光器系统为例,学习固体激光器的装调。

    灯泵浦 YAG 激光器系统的构成如图 1-1 所示,各器件的功能如表 1-1 所示。

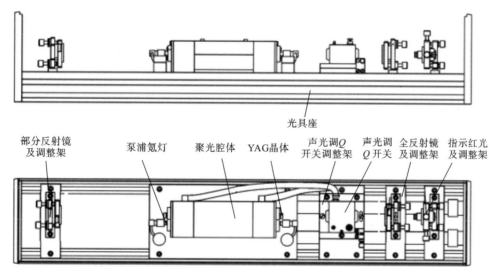

图 1-1　灯泵浦 YAG 激光器系统的构成

表 1-1 灯泵浦 YAG 激光器系统各器件的功能

器 件 序 号	器 件 名 称	功 能 介 绍
1	部分反射镜及调整架	安装并调整部分反射镜片
2	泵浦氪灯	产生泵浦光源
3	聚光腔体	安装泵浦光源和激光晶体
4	YAG 晶体	激光工作物质
5	光具座	安装激光器系统所有器件
6	声光调 Q 开关调整架	调整 Q 开关位置
7	声光调 Q 开关	转换连续激光为脉冲激光
8	全反射镜及调整架	安装并调整全反射镜片
9	指示红光及调整架	安装并调整指示红光

图 1-1 所示的灯泵浦 YAG 激光器系统的装调要求:使 YAG 晶体、全反射镜片、部分反射镜片、声光调 Q 开关、指示红光的中心同轴并分别与光具座垂直,其装调要求示意图如图 1-2 所示。

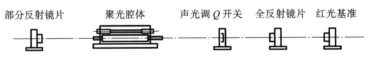

部分反射镜片　　聚光腔体　　声光调 Q 开关　　全反射镜片　　红光基准

图 1-2 灯泵浦 YAG 激光器系统装调要求示意图

项 目 目 标

【知识目标】

(1) 掌握固体激光器各组成元器件的结构及特性；

(2) 掌握固体激光器的装调方法；

(3) 掌握固体激光器系统与器件的基本工作原理；

(4) 理解谐振腔、聚光腔安装位置要求；

(5) 理解气体、半导体、光纤等激光器的相关知识；

(6) 理解连续激光器与脉冲激光器的区别。

【能力目标】

(1) 会基准光源的装调；

(2) 会固体激光器工作物质的装调；

(3) 会固体激光器泵浦光源的装调；

(4) 会固体激光器聚光腔的装调；

(5) 会固体激光器谐振腔的装调；

(6) 会声光调 Q 开关器件装调；

(7) 会判断反射镜片的镀膜面和非镀膜面；

(8) 会判断全反射镜片和部分反射镜片；

(9) 会光学镜片的清洁和保养；

(10) 会通过观察与调整获得理想激光光斑；

(11) 会固体激光器元器件的维护和保养。

【职业素养】

(1) 安全意识；

(2) 质量意识；

(3) 成本意识；

(4) 团队协作意识；

(5) 严格遵守劳动纪律；

(6) 认真、负责、踏实的工作态度；

(7) 遵守设备操作安全规范，爱护实训设备；

(8) 分析总结问题，撰写项目报告。

项 目 准 备

1. 资源要求

（1）激光机光路系统装调实训室一间：场地环境与企业基本相同，配备有满足容量要求的电源排插，有适当的环境温度、湿度，有排烟装置，可容纳至少 10 个工位、40 位学生，为方便教学，在实训车间附近（或内部）配一个多媒体教室（或设备）。

（2）固体激光器组件 10 套（4 人/组）。

（3）多媒体教学设备 1 套。

2. 材料工具准备

（1）红光指示器、聚光腔体、YAG 晶体、泵浦光源、全反射镜片及其支架、部分反射镜片及其支架、声光调 Q 开关、振镜系统、聚焦镜，及其相应的配件。

（2）吹气球、乙醇、玻璃滴瓶、光学棉签、擦镜纸、指套及其相应的配件。

（3）相纸、显影液、停影液、定影液、搅拌棒、温度计、容器、夹子、透明塑料袋及其相应的配件。

（4）内六角扳手、螺钉旋具组套、游标卡尺、防护眼镜、倍频片、功率计、能量计和储物盒等工具及其相应的配件。

3. 相关资料

（1）激光加工设备操作手册。

（2）激光设备光路系统装调使用说明书。

（3）聚光腔安装说明书。

（4）声光调 Q 开关使用说明书。

任务 1　识别固体激光器

接受工作任务

　　工业激光加工设备由激光器系统、激光导光及聚焦系统、运动系统、冷却与辅助系统、控制系统、传感器与检测系统等六大部分组成,其核心为激光器系统。典型的工业激光加工设备如图1-3所示,其光路系统如图1-4所示,其激光器系统如图1-5所示。本项目以图1-6所示的激光光路调试实训平台为例来学习固体激光器的装调过程。

图 1-3　工业激光加工设备

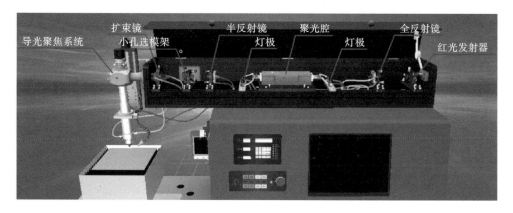

图 1-4　固体激光机光路系统

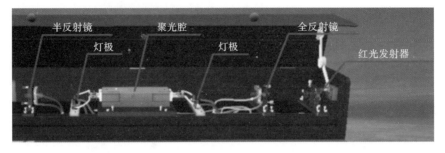

图 1-5　固体激光机激光器系统

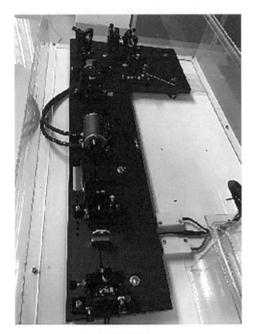
（a）连续型

（b）脉冲型

图 1-6　激光光路调试实训平台

【任务目标】

识别固体激光器。

【任务要求】

（1）能识别固体激光器；

（2）能识别固体激光器光路系统；

（3）能识别固体激光器及各组成器件；

（4）能掌握固体激光器各组成器件的结构、功能及位置关系；

（5）能绘制固体激光器系统的组成示意图。

 信息收集与分析

1. 灯泵浦 YAG 激光器系统的构成

灯泵浦 YAG 激光器系统是许多工业激光加工设备的核心部件,如激光打标机、激光焊接机、激光内雕机等,如图 1-7 所示。

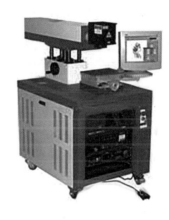

图 1-7　固体激光打标机

灯泵浦 YAG 激光器系统的组成如图 1-1 所示,各器件的功能可以用表 1-1 来描述。

2. 灯泵浦 YAG 激光器系统两大组成部分

从外形结构上看,灯泵浦 YAG 激光器系统由聚光腔和光学谐振腔两大部分组成。

聚光腔完成激光产生、放大过程,包括激光工作物质、泵浦源、聚光腔体三大器件。

光学谐振腔(optical cavity)由一对平行的反射镜(平面镜或曲面镜)构成,镜面与激活介质的轴线垂直。光学谐振腔可提高激光的方向性,沿轴向传播的光,可在腔内来回反射,不断放大,而沿其他方向传播的光很快溢出;光学谐振腔还可提高激光的单色性,光在腔内来回反射,产生多光束干涉,结果只有其半波长的整数倍等于腔长的光才会在腔内存在。光学谐振腔起到高选择性反馈器件的作用,有些谐振腔中还装有改变激光工作状态的其他器件,如调 Q 开关等。

3. 灯泵浦 YAG 激光器系统的工作过程

谐振腔中包含了能实现粒子数反转的激光工作物质。它们受到激励后,许多原子将跃迁到激发态。但经过激发态寿命时间后又自发跃迁到低能态,放出光子。其中,偏离轴向的光子会很快逸出腔体,只有沿着轴向运动的光子会在谐振腔的两端反射镜之间来回运动而不逸出腔体,这些光子成为引起受激发射的外界光场,促使已实现粒子数反转的工作物质产生同样频率、同样方向、同样偏振状态和同样相位的受激辐射。这种过程在谐振腔轴线方向重复出现,从而使轴向行进的光子数不断增加,最后从部分反射镜中输出。

制定工作计划

识别激光设备的工作计划如表 1-2 所示。

表 1-2 工作计划表

步 骤	工 作 内 容
1	识别激光设备
2	识别激光设备光路系统
3	识别灯泵浦 YAG 激光器
4	绘制灯泵浦 YAG 激光器系统的组成示意图

 任务实施

以实训室现有的激光设备为例,完成以下工作记录。

（1）识别激光设备及其工作参数,完成工作记录表 1-3。

表 1-3 工作记录表

序号	工 作 内 容	工 作 记 录
1	激光设备名称	
2	激光设备型号	
3	激光设备工作介质	
4	激光波长	
5	激光功率	
6	调制频率	
7	出光方式	
8	供电电源	
9	输入功率	
10	冷却系统	
11	内循环介质	

（2）识别激光设备光路系统,完成工作记录表 1-4。

表 1-4 工作记录表

序号	工 作 内 容	工 作 记 录
1	激光设备光路系统的组成	

续表

序号	工 作 内 容	工 作 记 录
2	激光设备光路系统的功能	

（3）识别固体激光器，完成工作记录表 1-5。

表 1-5　工作记录表

序号	工 作 内 容	工 作 记 录
1	激光器的名称	
2	激光器的类型	
3	激光器安全等级	
4	激光器激励能源	
5	激光器连续工作时间	
6	固体激光器系统各组成器件及其功能	
7	激光器各组成器件的位置关系	
8	绘制固体激光器的组成示意图，要求如下： （1）在图上标识各部件的名称； （2）在图上体现各部件的位置关系； （3）指出聚光腔和光学谐振腔。	

 工作检验与评估

1. 老师考核

（1）工作页考核。

（2）工作任务质量考核。

（3）职业素养考核。

2. 小组评价

_____

_____

_____

_____

_____

_____

_____

3. 自我评价

_____

_____

_____

_____

_____

_____

_____

_____

 知识拓展

关 于 激 光

1. 中文"激光"一词的来历

1960 年 7 月 7 日,美国科学家梅曼(Theodore Harold Maiman)发明了第一台激光器;1961 年,中国大陆第一台激光器在中国科学院长春光学精密机械与物理研究所研制成功。但是,当时中国并没有激光一词,中国科学界对英文 Light Amplification of Stimulated Emission of Radiation(缩写为 Laser)的翻译多种多样,例如"光的受激辐射放大器"、"光量子放大器",这些名字显然太长,不利于称呼;还有一些音译,如"莱塞"或"镭射"等。

命名的混乱给科学界、教育界带来极大的不便,1964 年冬天,全国第三届光量子放大器学术报告会在上海召开,这次会议的一项重要议程,就是研究并通过对几个专有名词的统一命名。会议召开前,《光受激发射情报》杂志编辑部给中国著名科学家钱学森写了一封信,请他给 Laser 取一个中文名字。不久,钱学森就回信给编辑部,建议命名为"激光"。这一名字体现了光的本质、又描述了这类光和传统光的不同,即"激"体现了受激发生,激发态等意义。这一名称提交到第三届光量子放大器学术报告会讨论,受到了与会者的一致赞同。从此中国大陆对 Laser 这一年轻的新生事物有了统一而有意义的汉语名称——激光。

激光的应用场景如图 1-8、图 1-9 所示。

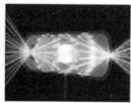

图 1-8　激光应用场景之演示激光

图 1-9　激光应用场景之军用激光

2. 激光的产生过程

激光的产生过程可归纳为:激励→激光工作物质粒子数反转→被激励后的工作物质中偶然发出的自发辐射→工作物质中的其他粒子的受激辐射→光子放大→光子振荡及光子放大→激光产生,如图 1-10 所示。

3. 激光器系统产生激光的三个必要条件

(1) 工作物质:激光物质是能够产生激光的物质,如掺钕钇铝石榴石(Nd:YAG,简称 YAG 棒)、红宝石、钕玻璃、氖气、半导体、有机染料等。

(2) 激励能源:激励系统就是产生光能、电能或化学能的装置。目前使用的激发手段,主要有光照、通电或化学反应等。

(3) 光学谐振腔:光学谐振腔的作用,是用来加强输出激光的亮度,调节和选定激光的波

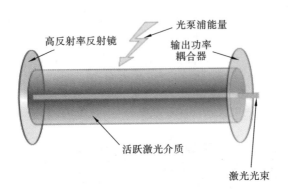

高反射率反射镜　光泵浦能量　输出功率耦合器　活跃激光介质　激光光束

图 1-10　激光的产生过程示意图

长和方向等。

4. 激光的应用

激光应用很广泛，主要有光纤通信、激光光谱、激光测距、激光雷达、激光切割、激光武器、激光唱片、激光指示器、激光矫视、激光美容、激光扫描、激光灭蚊器，等等。

图 1-11　激光通用安全警告标志

5. 激光的安全性

激光通用安全警告标志如图 1-11 所示。激光器通常都会标示有着安全等级编号的激光警示标签，分级如下。

第 1 级（Class I/1）：在装置内，是安全的。通常是因为光束被完全地封闭在设备内部，例如在 CD 播放器内。

第 2 级（Class II/2）：在正常使用状况下是安全的，眼睛的眨眼反射可以避免受到伤害。通常功率低于 1 mW，例如激光指示器。

第 3a/R 级（Class IIIa/3R）：功率通常会达到 5 mW，并且在眨眼反射的时间内会有对眼睛造成伤害的小风险。注视这种光束几秒钟会对视网膜造成立即的伤害。

第 3b/B 级（Class IIIb/3B）：在暴露下会对眼睛造成立即的损伤。

第 4 级（Class IV/4）：激光会烧灼皮肤，在某些情况下，即使散射的激光也会对眼睛和皮肤造成伤害。许多工业和科学用的激光都属于这一级。

对于激光安全性的说明如下。

（1）即使是第 1 级的激光也被认为有潜在性的危险。西奥多·梅曼创造的第一个激光器只有"吉列"的功率，它只能灼热吉列刮胡刀的刀片。今天，即使只受到几毫瓦的低功率激光照射，如果这种激光光束点击或被光泽的表面反射到眼睛，都足以危害到人眼的视力。如果某种激光的波长在眼角膜和透镜可以良好聚焦在视网膜的范围内，意味着这种相干性低且发散的激光会被眼睛聚焦在视网膜上极小的区域，只要几秒钟甚至更短的时间，就会造成局部的烧灼和永久性的伤害。

（2）这种安全性标示的功率是针对可见光和连续波长的激光的，对脉冲激光和不可见激光还有其他适用的限制。对使用第3b/B级和第4级激光工作的人,还需要使用可以吸收特定波长光的护目镜保护他们眼睛的安全。

(3) 某些波长超过 $1.4~\mu m$ 的红外线激光通常被归类为"对眼睛安全"的。但是,"对眼睛安全"的标签可能会造成误导,因为它只适用于低功率的连续光束,任何高功率或有 Q-断路器、波长超过 $1.4~\mu m$ 的激光,一样可以烧灼眼角膜,造成眼睛严重的损伤。

6. 激光器的种类

激光器的分类有很多方式,例如按照工作状态分类、工作物质的种类分类、输出波长的波段分类、输出激光波长是否可以调节分类、激光器的用途分类等。但是以工作状态和工作物质分类为主。

(1) 按工作状态分类。
- 连续激光器
- 脉冲激光器
  - 调 Q(输出脉宽可以达到纳秒级别)
    - 电光调 Q
    - 声光调 Q
    - 染料调 Q
  - 锁模(输出脉宽可以压缩到飞秒级别)

(2) 按工作物质分类。

以组成激光器系统的工作物质来分类,工业激光加工设备的常见的激光器系统可分为固体激光器、气体激光器、半导体激光器、化学激光器等。而现在最常见的半导体激光器也算是固体激光器的一种。

用于工业激光加工设备的固体激光器通常有掺钕钇铝石榴石激光器、钕玻璃激光器和红宝石激光器等。

 思考题

(1) 部分反射镜和全反射镜应分别在激光器的什么位置?

(2) 部分反射镜和全反射镜的工作原理有何不同?

(3) 如何判别部分反射镜和全反射镜?

(4) 针对所绘制的激光器系统的组成示意图,指出激光器系统产生激光的三要素。

(5) 激光器系统各组成部分有怎样的位置关系?

(6) 灯泵浦 YAG 激光器系统各器件具有什么功能?

任务 2 固体激光器基准光源装调

 接受工作任务

【任务目标】

固体激光器基准光源装调。

【任务要求】

(1) 能掌握基准光源在激光器系统中的作用；
(2) 能识别激光打标机红光指示器；
(3) 能掌握基准光源装调要求；
(4) 能掌握基准光源装调原理；
(5) 能掌握基准光源装调步骤；
(6) 能正确装调激光打标机红光指示器；
(7) 能检查与评估基准光源装调质量。

 信息收集与分析

1. 激光指示器(laser pointer)

常用的激光指示器如图 1-12 所示。

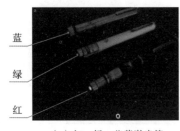 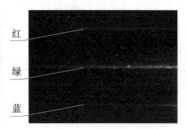 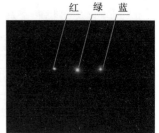

（a）红、绿、蓝紫激光笔　　　　（b）红、绿、蓝激光束　　　　（c）红、绿、蓝激光器

图 1-12　激光指示器

2. 激光打标机红光指示器

1）商品名称

激光打标机红光指示器（又名红光点状激光模组、激光打标机红光组件）。

2）商品包含内容

一个输出功率为 30 mW、650 nm 的 3 合 1 红光激光模组（含三个接头），可自行调配接头以达到点状、十字状、一字状的效果，配变压器（即电源），如图 1-13 所示。

图 1-13　激光打标机红光指示器

一个激光打标机红光指示器调节架如图 1-14 所示，含底座及旋钮。

（a）正面　　　　　（b）侧面　　　　　（c）背面

图 1-14　激光打标机红光指示器调整架

3）商品描述

商品各项参数及参数指标如表1-6所示。

表1-6　商品参数及参数指标

参　数	参　数　指　标	参　数	参　数　指　标
波长	650(±5) nm	输出功率	30 mW
工作电压	3.0～4.0 VDC	工作电流	<110 mA
工作温度	−10 ℃～50 ℃	储存温度	−40 ℃～80 ℃
光斑直径	$\Phi\leqslant0.18$ mm	光斑焦聚	可调
运转方式	连续激光	外形尺寸	$\Phi12\times35$ mm
启动时间	$\leqslant0.01$ s	输出波段范围	可见激光
激光管寿命	3000～5000 h	连续工作时间	3～5 h

4）商品说明

激光器长时间工作时需要加金属散热件、风扇或支架,使模组表面温度在−10 ℃到＋40 ℃之间,超出这个温度范围会使激光器快速老化。

不使用变压器供电的情况下,可以使用两节直流电池供电,保证电压在直流3～4 V即可。

3．基准光源装调要求

固体激光器基准光源的装调要求:使指示红光水平穿过红光基准片的两个小孔,中心同轴并分别与光具座垂直,如图1-15所示。

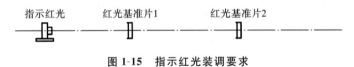

图1-15　指示红光装调要求

4．基准光源装调原理

跟光学平台同等距离的两个不同位置的点(即两个红光基准片上的两个小孔)确定一条水平线。

5．基准光源装调步骤

以图1-16所示的基准光源调整架为例,说明基准光源装调步骤如下。

（1）微调基准光源调整架1号、2号旋钮,让基准光源出光口对中;

（2）微调基准光源调整架3号、4号旋钮,让调整架两垂直板大致平行;

（3）确定光的距离,旋转头子,调焦,出光越细、越亮越好;

（4）用螺钉把基准光源固定到调整架上;

（5）借助红光基准片,移动5号、6号沉孔,初步确定基准光源调整架的位置;

（6）借助红光基准片,微调基准光源调整架的4个旋钮,多次联调,让红光水平穿过两片红光基准片的两个小孔;

图 1-16　基准光源调整架

（7）确认后，锁紧 4 个调节螺钉。

备注：步骤（1）～（3）的顺序可调整。

 制定工作计划

基准光源装调工作计划如表 1-7 所示。

表 1-7　工作计划表

序　号	工 作 内 容
1	识别激光打标机红光指示器
2	安装红光指示器
3	检验与评估红光指示器装调质量

备注：

（1）基准光源以激光打标机红光指示器为例；

（2）激光器以灯泵浦 YAG 激光器为例

 任务实施

1. 安全教育

（1）激光安全防护知识；

（2）电气安全知识；

（3）遵守实训室相关规定；

（4）遵守安全操作管理规定；

（5）遵守工作纪律；

（6）工服穿戴规范；

（7）应急处理措施。

2. 工具资料准备

（1）指定人员向实训室领取工具箱，登记；

（2）以组为单位，组长向科代表领取工具箱；

（3）分发工作页。

3. 教师现场演示

（1）教师现场演示并提醒相关注意事项；

（2）同学们观摩学习并作好相关笔记。

4. 学生分组轮流实施任务

（1）小组成员轮流操作；

（2）教师在现场巡回指导；

（3）组长负责协调本组人员分工，包括操作人员、记录人员和实施汇报人员；

（4）各小组完成汇报提纲；

（5）各成员完成工作页。

要求：每个同学必须按要求在规定的时间内完成工作任务。

5. 工作记录（见表1-8）

表1-8　工作记录表

序号	工作内容	工作记录		
1	识别基准光源	基准光源名称		
		包含内容		
		描述	波长	
			输出功率	
			工作电压	
			工作电流	
			工作温度	
			储存温度	
			光斑直径	
			光斑焦聚	
			运转方式	
			输出波段范围	
			激光管寿命	
			连续工作时间	

续表

序号	工作内容	工作记录	
2	安装红光指示器	装调要求	
		装调原理	
		装调步骤	
3	任务检测与评估	红光指示器装调质量检测与评估内容	

 工作检验与评估

红光指示器装调质量检查与评估内容:

(1) 指示红光水平穿过红光基准片的两个小孔;

(2) 指示红光中心同轴并与光具座垂直。

 思考题

(1) 分别调节指示红光调节架上的四个调节螺钉,指示红光出射光斑将如何移动?

(2) 如何判断基准光源是否装调成功?

 知识拓展

激光指示器

激光指示器(laser pointer)是指以激光作为指示用途的小型低功率激光器,属于一般民用品,也称为激光笔、指星笔等,是一种用途广泛的产品。在教学、科研单位,激光指示器用于教学、学术报告、会议等场合配合视像设备指示;在军事单位,用于配合大屏幕指挥系统指示;在旅游单位,用于导游讲解;在建筑及装修监理单位,用于建筑、装修验收时的指示等。

在某些场合,还可将其固定作为定向工具;亦可将其作为礼品。

早期的激光笔使用波长为 633 nm 的氦氖(He-Ne)气体激光,通常用于产生能量不超过 1 mW 的激光束。最便宜的激光笔使用波长接近 670/650nm 的深红色激光二极管。稍贵的则使用 635 nm 的红-橙色二极管,这一波长更易于为人眼所识别。也有其他颜色的激光笔,最常见的是波长为 532 nm 的绿光激光笔。

最近几年,波长为 593.5 nm 的黄-橙激光笔也开始出现。2005 年 9 月出现了波长为 473 nm 的蓝光激光笔。2010 年初出现了波长为 405 nm 的"蓝光"(其实是紫光)激光笔。

激光笔照射出光点的表观亮度不仅取决于激光的功率和表面反射率,还取决于人眼的色觉。例如,由于人眼对可见光谱中波长为 520～570 nm 的绿光最敏感,对更红或者更蓝的波长敏感性下降,所以相同功率下绿光显得比其他颜色亮。

激光笔的功率通常以毫瓦为单位。在美国,激光由美国国家标准学会和美国食品药品监督管理局(FDA)来分类。功率小于 1 mW 的可见光(波长 400～700 nm)激光笔为第二类(Class 2 或 II);功率介于 1～5 mW 的为第三类 A(Class 3A 或 III a)。第三类 B(Class 3B/III b)激光指示器(功率 5～500 mW)和第四类(Class 4/IV)激光指示器(功率大于 500 mW)按法律规定不能以激光笔的名义推广销售。

任务 3　固体激光器聚光腔体装调

 接受工作任务

【任务目标】

固体激光器聚光腔体装调。

【任务要求】

(1) 能掌握聚光腔在固体激光器系统中的作用；
(2) 能掌握固体激光器聚光腔体的结构；
(3) 能掌握固体激光器聚光腔体的类型和截面形状；
(4) 能正确清洁固体激光器聚光腔体；
(5) 能正确装调固体激光器聚光腔体；
(6) 能检验与评估固体激光器聚光腔体装调质量。

 信息收集与分析

1. 聚光腔的功能

聚光腔的主要功能是将泵浦灯辐射出的光最大限度地聚集到激光工作物质上，以激励工作物质产生激光。同时，它还有提供冷却液通道和固定灯、棒等器件的功能，它的性能直接影响着激光器的输出效率和激光质量。

2. 聚光腔的结构与类型

泵浦光源可以从侧面照射激光工作物质，也可以从端面照射激光工作物质，前者称为侧面泵浦，后者称为端面泵浦。大多数激光器采用侧面泵浦方式，其结构如图 1-17 所示。

1）聚光腔的整体结构

广义的聚光腔指由不锈钢或非金属腔体、镀金或陶瓷反射体、滤紫外石英玻璃管（导流管）及有关接头、激光工作物质及水密封零件、激光泵浦灯（氪灯或氙灯）及水密封零件等主要部分组成的聚光腔系统。狭义的聚光腔单指腔体、反射体两个部分。

2）聚光腔的类型

就反射类型而言，聚光腔分为镜面反射聚光腔和漫反射聚光腔两类，当前大功率固体激

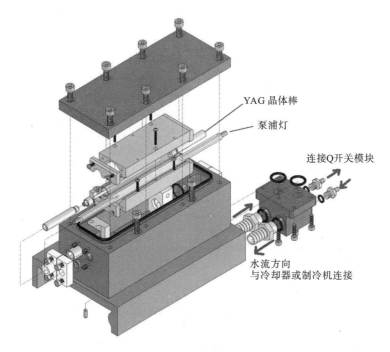

图 1-17　聚光腔的结构示意图

光器件中主要使用的是镜面反射聚光腔。

镜面反射聚光腔利用了光学几何反射成像原理,把泵浦光直接成像到激光工作物质上,因此它有较高的泵浦效率,但镜面反射不是将光均匀反射到激光工作物质上,在激光工作物质上容易形成所谓的"强点""弱点",造成激光输出的不均匀性,影响了激光的质量。漫反射聚光腔利用非几何光学反射成像,把泵浦光均匀的反射到激光工作物质上,使激光的质量得到了很大改善。

就腔型结构而言,常用的聚光腔的类型有单灯单棒泵浦腔、双灯单棒泵浦腔、双灯双棒泵浦腔,如图 1-18 所示。

一般地,聚光腔设计成上、下腔体两个部分,上、下腔体各是一个独立的整体,可自由上

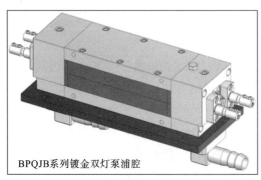

BPQJB系列镀金双灯泵浦腔

（a）双灯双棒泵浦腔

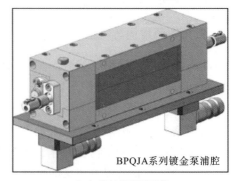

BPQJA系列镀金泵浦腔

（b）单灯单棒泵浦腔

图 1-18　聚光腔的腔型结构示意图

下开合,只需揭开上腔体就可进行装灯、换灯、安装激光晶体等操作,也可方便观察和调试可视光源,无需将整个泵浦腔拆下,无需对光路重新调整。

3. 聚光腔的截面形状

侧面泵浦方式的聚光腔截面形状类型很多,其主要类型和特点如下。

1) 椭圆柱聚光腔

椭圆柱聚光腔的内反射表面的横截面是椭圆。从椭圆一个焦点发出的所有光线,经椭圆内反射表面反射后将会聚到另一焦点上。如果把灯和棒分别置于椭圆柱聚光腔的两条焦线上,如图 1-19 所示,就可以得到比较好的聚光效果。这种放置方法称为"焦上放置"。

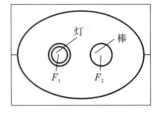

图 1-19　单椭圆柱聚光腔

用单灯泵浦激光工作物质时,通常采用单椭圆柱聚光腔,激光棒和灯分别放在椭圆柱聚光腔的两条焦线上。

单椭圆柱聚光腔聚光效率与椭圆偏心率 $e=\dfrac{c}{a}$（a 为椭圆长半轴,c 为椭圆两焦点之间的距离）、聚光腔尺寸、灯与棒直径之比等有关,如图 1-20 所示。其中,图 1-20(a)表示会聚效率与灯、棒直径之比的关系;图 1-20(b)表示会聚效率与椭圆尺寸的关系。

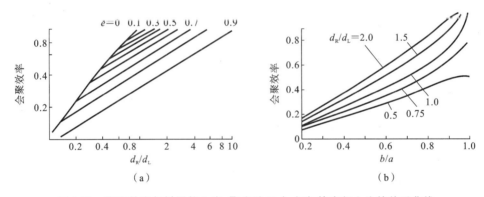

图 1-20　聚光效率与椭圆偏心率、聚光腔尺寸、灯与棒直径之比的关系曲线

一般灯、棒的直径之比为 1,椭圆偏心率愈小愈好。在实际应用中,考虑到灯和棒均需冷却,偏心率 e 不能太小,一般取 0.4～0.5。

为了尽可能利用沿轴向发射的泵灯光能,在椭圆柱的两端应有反射端面。但当聚光腔横向尺寸较小,而轴向尺寸比棒、灯长很多时,两端也可以不加反射面,因为此时可利用的轴向光能很少。

将泵灯和激光棒平行地安置在焦线和腔壁之间,这种放置称为"焦外放置",如图 1-21、图 1-22 所示。椭圆长轴上焦点外任一点发出的光,经椭圆反射后必交于另一端焦点外的长轴上,因此,焦外旋转的棒可以截获焦外旋转的泵灯所辐射的大部分能量。焦外旋转不如焦上旋转成像质量好,但采用焦外旋转结构设计上可以做得比较紧凑。

在用双灯泵浦激光工作物质时,采用双椭圆柱聚光腔,如图 1-23 所示。棒置于两椭圆柱公共焦线上,两灯分别置于两椭圆另一条焦线上。

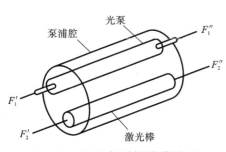

图1-21 焦外放置椭圆柱聚光腔

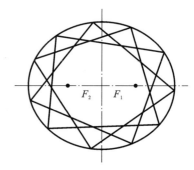

图1-22 椭圆腔的焦外几何光路

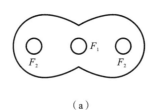

（a）

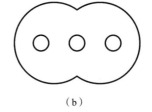

（b）

图1-23 双椭圆柱聚光腔

2）圆柱聚光腔

圆柱聚光腔的内反射表面的横截面是圆柱。这种聚光腔的内反射表面是一个圆柱空腔，激光棒和泵灯置于轴线两侧。由于圆相当于焦点重合的椭圆，因此圆柱聚光腔内棒、灯的旋转相当于椭圆柱聚光腔的焦外放置。如图1-24所示。根据光学原理，灯和棒应置于圆柱的中心线附近，此时聚光效率高。

圆柱聚光腔对泵浦光的聚焦能力不如椭圆柱聚光腔的强，而且在同样棒、灯直径的情况下，圆柱聚光腔横截面积大，体积也大。但它具有结构简单、加工方便等优点。

3）椭圆球聚光腔

如图1-25所示，它的反射面是一个椭球腔，灯和棒沿椭球长轴放置在焦点和顶点之间。它具有三维空间聚焦作用，即不仅垂直于轴线方向的光能汇聚到激光工作物质上，沿轴向发射的光也能汇聚到激光工作物质上。因此比二维成像的椭圆柱聚光腔效率高。

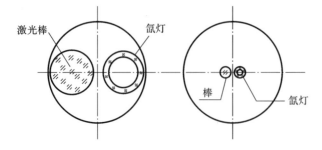

图1-24 圆柱聚光腔

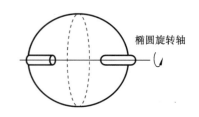

图1-25 椭球聚光腔

同时，激光棒横截面上的泵浦光是旋转对称的，因而具有较高的均匀性。但在棒的轴线方向上却是非均匀分布的，在靠近焦点的部位光能密度较大。这种聚光腔体积大，加工较复杂,适用于短灯和短棒情况。

4)圆球聚光腔

圆球聚光腔也具有三维空间传输性质,灯与棒在过球心的任一轴线两侧对称靠近放置,实际的聚光腔常由两个半球组成,如图 1-26 所示。这种聚光腔的聚光效率和聚光均匀性虽不及椭球聚光腔的,但比椭圆柱聚光腔和圆柱聚光腔的好。它与椭球聚光腔一样,体积大,加工复杂,适用于短灯和短棒情况。

5)相交圆柱聚光腔

相交圆柱聚光腔是由两圆柱面相交而成,其横截面如图 1-27 所示。这种聚光腔效率较高,加工方便。

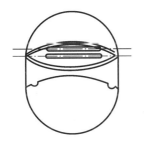

图 1-26　圆球聚光腔

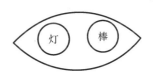

图 1-27　相交圆柱聚光腔

6)多泵聚光腔

上述各种聚光腔都适合单灯泵浦。单灯泵浦时,激光棒朝向灯的一面受到灯的直照,背向灯的一面受不到灯的直照,因而棒内光照不均匀。另外,单灯泵浦受一只灯负载能量的限制,不能得到很高的激光输出。若采用多灯泵浦单根激光棒的方式,这两种缺点都可以克服。

多泵聚光腔常用双泵椭圆柱聚光腔或四泵椭圆柱聚光腔,如图 1-28 所示。各椭圆柱的一条焦线重合在一起,激光棒就置于这条公共焦线上,而泵灯分别放在各椭圆柱的另一条焦线上。多泵椭圆柱聚光腔的聚光效率比单椭圆柱聚光腔低,这是由于每个椭圆柱的表面都被截去了一部分的缘故。另外,它加工复杂,体积大,所以只有在要求大能量和光照均匀时才采用。

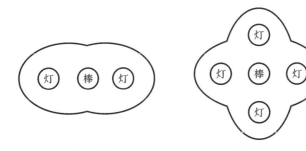

（a）双泵椭圆柱聚光腔　　　　　（b）四泵椭圆柱聚光腔

图 1-28　多泵聚光腔

7)紧耦合非聚焦聚光腔(紧包式聚光腔)

这类聚光腔的特点是灯和棒靠得很近,聚光腔横截面尺寸略大于灯和棒的直径之和。

在这种情况下,聚光作用主要已不是靠光线反射成像,而是靠灯光的直接照射和聚光腔内空间的高光能密度来实现,因此聚光腔的形状和加工精度无关。

其内表面可以采用镜面,但为使棒内光照较为均匀,最好采用漫反射表面。常用的紧包式聚光腔形式如图 1-29 所示,可以是单泵的,也可以是多泵的,其截面可以是圆形的,也可以是椭圆形的,或其他形状的。最简单的形式是将灯、棒紧排在一起,外面包上经过抛光的银箔或铝箔。

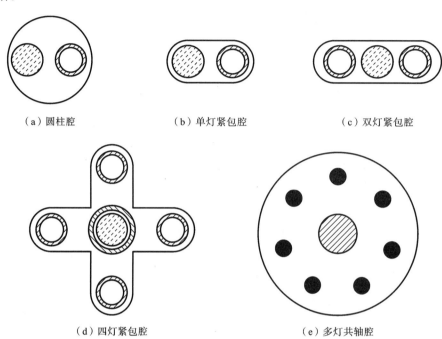

（a）圆柱腔   （b）单灯紧包腔   （c）双灯紧包腔

（d）四灯紧包腔   （e）多灯共轴腔

图 1-29   紧包式聚光腔

漫反射聚光腔如图 1-30 所示。

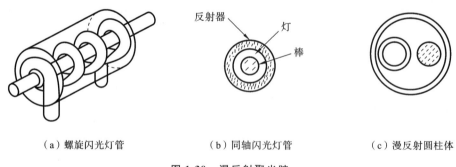

（a）螺旋闪光灯管   （b）同轴闪光灯管   （c）漫反射圆柱体

图 1-30   漫反射聚光腔

紧包式聚光腔具有结构简单、制作容易、体积小、效率高等优点,缺点是棒内光照不均匀,不利于散热。因此,这类聚光腔主要应用在小能量、小功率和低重复率的小型器件中。

8) 特种腔——尖形和 V 形聚光腔

特种腔结构如图 1-31 所示。

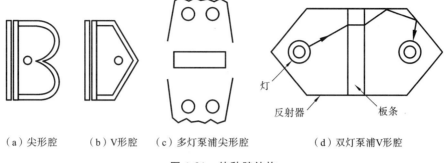

（a）尖形腔   （b）V形腔   （c）多灯泵浦尖形腔   （d）双灯泵浦V形腔

图 1-31 特种腔结构

4. 聚光腔的腔体材料和反射表面材料

1）聚光腔腔体材料选择

制作聚光腔腔体常用的金属材料有铝、铜和不锈钢,常用的非金属材料有玻璃、陶瓷、聚四氟乙烯等,其性能各有优缺点。

铝通常用在轻型系统中;如果重量要求不严时,最好选用铜,这是因为铜的热胀系数小,热导率高;不锈钢具有不易生锈和抛光精度高等优点,但热导率很低,仅为铜的十分之一。

玻璃和陶瓷虽然易碎,导热性差,但它们具有金属没有的优点,如抗剥落、抗氧化、易于清洁,在目前循环水冷系统不太过关的情况下,比金属镀金腔有更好的免维护性。陶瓷的漫反射性能也好,可制成反射率很高的漫反射聚光腔。

陶瓷腔是一个整体结构,内表面对灯是漫反射,吸收效率可以达到 90% 以上,可形成全截面的均匀泵浦,实现高功率泵浦输入。但是,陶瓷腔对于陶瓷材质和腔型的设计要求比较高,价格也要贵一些。

2）聚光腔反射表面材料选择

聚光腔的效率与聚光腔内表面的反射情况有很大关系。聚光腔的反射表面可为镜面反射或漫反射。除陶瓷材料的聚光腔本身具有较高的漫反射系数外,其他材料大都需要在聚光腔内壁上附加高反射率的反光层。

比较常用的反光层有:金属反光层、多层介质反光膜、氧化镁(MgO)粉或硫酸钡($BaSO_4$)粉漫反射层等。

金属反光层应用广泛,适用于金属和大半材料的聚光腔。其制作过程是先把聚光腔内表面抛光,再镀以高反射率的金属层,最后再抛光成镜面即成。有时也可用抛光的银皮贴在聚光腔内壁上制成。

可供选择的高反射率金属反光层有金(Au)、银(Ag)、铝(Al)等材料。它们的光谱反射率曲线如图 1-32 所示。

由图 1-32 可见,铝在各段的反射率都较高,约为 92%,但因铝在 0.7～0.9 μm 波段的反射率有明显下降,所以 Nd:YAG 和钕玻璃器件不宜采用,可用于吸收带在 0.4～0.56 μm 波段的红宝石激光器件。

金对大于 0.7 μm 波长的光有高反射率,不利于红宝石的吸收带,也不利于钕离子在

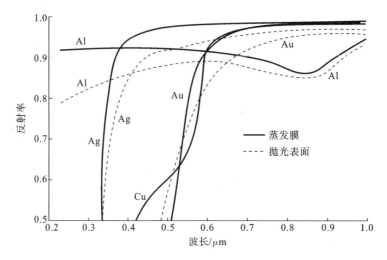

图 1-32　激光泵浦腔内常用金属的反射率与波长的关系

$0.5 \sim 0.6 \ \mu m$ 处的吸收带,但对于泵浦吸收大部分发生在 $0.7 \sim 0.9 \ \mu m$ 之间的连续和小能量脉冲 Nd:YAG 器件来说,因为防色心效果好,因此又是非常有利的。此外,金的化学性能稳定、耐腐蚀、使用寿命长。

　　银对大于 $0.4 \ \mu m$ 波长的辐射有很高的反射率,可用于红宝石和掺钕工作物质的激光器。尤其在高功率脉冲掺钕激光器中,闪光灯的辐射大部分位于 $0.5 \sim 0.58 \ \mu m$ 附近的钕吸收带内,用镀银的聚光腔很有利。银比金的反射率高,但易氧化变质,使反射率大大降低。为防止氧化,可在银层上覆盖一层 SiO_2 之类的透明薄膜,也可把镀银聚光腔浸在惰性冷却液中或干燥的氮气中。

　　用于红宝石系统的铝质聚光腔,内表面无须镀反射层,将铝面仔细抛光即可;对于掺钕工作物质的铝质聚光腔,则须镀金或银。对于需要镀膜的铝、铜聚光腔,可先镀镍、抛光,然后再镀其他镀层。因为镀镍后容易抛光到很低的粗糙度。

　　多层介质膜可用于玻璃或金属聚光腔。设计时应使这种膜对有用光谱反射率高,对无用光谱反射率低。

　　MgO 和 $BaSO_4$ 漫反射层,系由白色的细小颗粒组成,具有很好的漫反射性能,反射率也很高(约为 $90 \sim 98\%$),且与波长无关。为了防止反射层损坏,可将粉末装在两个同心的石英管之间。

　　从应用看,使用陶瓷腔的激光打标机在做退火工艺(annealing)时,效果要比金属镀金腔好。金属镀金腔的激光打标机在做雕刻(engraving)工艺时,比陶瓷腔的好。

5. 椭圆柱聚光腔的聚光效率

1) 聚光腔的聚光效率概念

单椭圆柱聚光腔的聚光效率可以由以下公式来计算:

$$\eta = \eta_{ge} \eta_{op}$$

式中: η_{ge} 是聚光腔的几何传递系数,它是计算泵浦灯发出的光直接射到激光棒上和由腔壁反射到激光棒上的百分比; η_{op} 是聚光腔的光学效率,基本上反映了系统中全部损耗的影响大

小,有

$$\eta_{op} = r_w \times (1 - r_r)(1 - f)(1 - \alpha)$$

式中:r_w 是腔壁对泵浦光的反射率;r_r 是激光棒表面和玻璃冷却液套表面的反射损耗,以及在腔内插入任何滤光片的菲涅耳损耗;f 为腔的非反射面积与总的内表面积之比;α 是灯和激光棒之间的光学介质(如冷却液、激光片等)中的吸收损耗。

2)关于几何传输效率的几点假设

(1)灯在圆截面上对称均匀发光。

(2)不考虑轴向倾斜光线。

(3)只考虑一次反射光线,焦点上泵浦。

(4)不考虑直接照射,遮挡,忽略反射损耗。

(5)灯作为黑体对待。

3)聚光效率计算

通过积分,可以计算出:

$$\eta_{ge} = \frac{1}{\pi} \left[\alpha_0 + \int_{\alpha_0}^{\pi} \frac{r_R}{r_L} \frac{l_L}{l_R} d\alpha \right] = \frac{1}{\pi} \left[\alpha_0 + \frac{r_R}{r_L} \theta_0 \right]$$

式中:

$$\cos\alpha_0 = \frac{1}{e} \left[1 - \frac{1 - e^2}{2} \left(1 + \frac{r_R}{r_L} \right) \right]$$

$$\sin\theta_0 = \left(\frac{r_L}{r_R} \right) \sin\alpha_0$$

注意:此时的 α_0、θ_0 是弧度值。

对于如图 1-33 所示的双椭圆柱腔、焦上泵浦状态,同理可以推出聚光效率计算公式:

$$\begin{cases} \eta_{ge} = \frac{1}{\pi} \left[(\alpha_0 - \alpha_1) + \frac{r_R}{r_L} \theta_0 \right] \\ \cos\alpha_1 = \frac{2e}{1 + e^2} \end{cases}$$

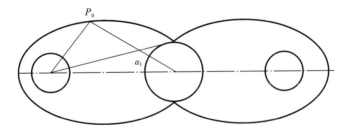

图 1-33 双椭圆柱腔

6. 漫反射聚光腔的聚光效率

$$\eta = \frac{S_1 A_1}{S_1 A_1 + S_2 A_2 + S_3 A_3 + S_4}$$

式中:S_1 是激光棒的表面积;A_1 是激光棒的吸收率(俘获系数);S_2 是漫反射壁的表面积;A_2

是漫反射壁的吸收率;S_3 是灯的表面积;A_3 是灯的吸收率;S_4 是腔壁上的开孔面积。

7. 聚光腔的安装

聚光腔体因故障造成出光效率降低或滤紫外管破裂时,须拆卸腔体予以维修。聚光腔体结构如图 1-34 所示,其拆卸的具体步骤如下。

(1) 关掉电源,将电极头从灯上取下、将冷却胶管取下。

(2) 将腔体内晶体、泵浦光源拆下并放到安全位置。

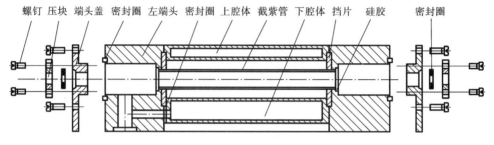

螺钉 压块 端头盖 密封圈 左端头 密封圈 上腔体 截紫管 下腔体 挡片 硅胶 密封圈

图 1-34 聚光腔体结构示意图

(3) 逆时针旋转螺母,拆下连接腔体的输入、输出水管。

再用螺钉旋具分别拆下连接腔体与光具座的螺钉,取下腔体。

再将腔体两端端板螺钉拆开,取下端板。这时可以看到腔体两端头放置玻璃管处,一端有止口。

(4) 轻轻地取出炸裂的玻璃管,用刀片刮去聚光腔内滤紫外管端头的硅胶及玻璃残渣。注意不要划伤腔体表面。

(5) 用棉签或镜头纸轻轻擦洗内表面,去除表面污渍。注意不要用酒精等有机溶剂擦洗。

(6) 首先将腔体立起,将有止口的一端向下,在止口处均匀涂上硅胶。

(7) 将新滤紫外玻璃管轻轻放入没有止口的一端,接触到有止口硅胶处时,轻轻旋转滤紫外玻璃管,慢慢向下,直至接触到止口。

(8) 待硅胶完全固化后,将腔体调转 $180°$。将硅胶慢慢涂到玻璃管与端头之间,如图1-35所示。

(9) 涂完一圈,待硅胶完全固化后,检查玻璃管是否涂好。

(10) 将腔体复原,装好。

8. 聚光腔体的清洁

聚光腔体应保持腔内清洁,否则严重影响出光效率。

1) 晶体棒的清洁

(1) 棒端的清洁:由于晶体棒的二个端面镀有增透膜,业余条件下只要吹去浮尘即可。

(2) 晶体棒面的清洁:由于长期浸泡在冷却循环水中,工作时受氙弧灯的照射,其表面易结垢;遇到这种情况,应以 0 号砂纸轻轻擦拭,使棒面迎光看上去为均匀的淡紫色。

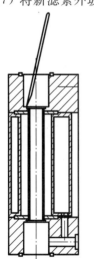

图 1-35 涂抹硅胶示意图

2）腔体内表面的清洁

（1）分解聚光腔体。

（2）抛光内表面，除去其上形成的水垢或氧化层，尽量使表面光滑，虽然不能达到要求的 ▽14，也应尽量接近。

（3）复原聚光腔体。

3）泵浦光源的清洁

用棉球蘸纯乙醇擦拭泵浦光源表面，除去其上的水垢和氧化层，尽量使其光亮；同时注意观察电极是否已出现烧蚀，如是这样，最好更换，否则会影响功率输出。

4）防紫外套管的清洁

用棉球蘸纯乙醇擦拭套管内外表面，除去其上的水垢和氧化层，使其透亮、光洁。

注意：重新装配聚光腔时，冷却水的接口处需要更换新的 O 形密封圈。密封要可靠，以免漏水引起电路短路，烧坏电路器件。

 制定工作计划

本任务的工作计划如表 1-9 所示。

表 1-9 工作计划表

序　号	工 作 内 容
1	认识固体激光器聚光腔
2	清洁固体激光器聚光腔
3	装调固体激光器聚光腔体
4	检验与评估固体激光器聚光腔体的装调质量

备注：

（1）固体激光器聚光腔体以单灯单泵为例；

（2）激光器以灯泵浦 YAG 激光器为例

 **任务实施**

以灯泵浦 YAG 激光器为例，实施固体激光器聚光腔体装调，完成工作记录表 1-10。

表 1-10 聚光腔体装调工作记录

序号	工 作 内 容	工 作 记 录	
1	认识固体激光器聚光腔	聚光腔功能	
		聚光腔类型	
		聚光腔腔型结构	
		聚光腔截面形状	
		聚光腔材料	
		聚光腔反射表面	

续表

序号	工作内容	工作记录	
2	聚光腔的清洁	清洁内容	
		清洁工具	
		聚光腔体内表面的清洁方法	
3	固体激光器聚光腔体的装调	聚光腔装调要求	
		聚光腔装调原理	
		聚光腔装调步骤	
4	任务检验与评估	固体激光器聚光腔装调质量检测与评估内容	

 工作后思考

（1）什么是灯、棒的焦上放置和焦外放置？它们各有什么优缺点？

（2）根据下图填写单椭圆柱聚光腔结构参数说明表。

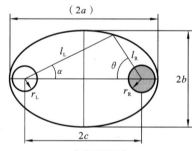

参数说明表

符号	含　义	备　注
a		
b		
c		
l_L		
l_R		
r_L		
r_R		
θ		
α		

工作后思考

（3）如何判断聚光腔是否装调成功？

（4）实操中遇到什么问题，你是如何解决的？

工作检验与评估

检验与评估固体激光器聚光腔的装调质量：

（1）观察指示红光、聚光腔是否分别与光具座垂直轴；

（2）指示红光、聚光腔的中心是否同轴。

任务 4　固体激光器工作物质装调

 接受工作任务

【任务目标】

固体激光器工作物质装调。

【任务要求】

(1) 能正确识别固体激光器工作物质;

(2) 能正确清洁固体激光器工作物质;

(3) 能正确装调固体激光器工作物质;

(4) 能检验和评估固体激光器工作物质装调质量。

 信息收集与分析

1. 激光工作物质内部结构及特性

固体激光工作物质由发光中心的激活离子和为激活离子提供配位场的基质组成,基质材料可分为晶体和玻璃两类,常用的晶体激光工作物质有掺钕钇铝石榴石($Nd:YAG$)晶体、红宝石晶体、钕玻璃等。

1) 掺钕钇铝石榴石($Nd:YAG$)

掺钕钇铝石榴石($Nd:YAG$)激光棒的基质是钇铝石榴石的晶体,如图 1-36 所示。这种晶体由三份 Y_2O_2 及五份 Al_2O_3 化合而成。其英文全称为 Yttrium-aluminum-garnet,取每个词的第一个字母缩写成 YAG。在 YAG 晶体中掺入一定比例的稀土元素钕 Nd_2O_3,就是掺钕钇铝石榴石晶体,即 $Nd:YAG$ 激光棒(简称 YAG 棒),如图 1-37 所示。

$Nd:YAG$ 激光棒输出的激光波长主要是在 1060 nm 附近。因为能够掺进去的钕离子浓度比较高,故 YAG 棒上单位工作物质体积能提供比较高的激光功率,激光器可以做得比较小。

$Nd:YAG$ 激光棒可以连续泵浦,也可以高重复率脉冲泵浦,连续泵浦就形成了激光打标机的激光器系统,高重复率脉冲泵浦就形成了激光焊接机、激光切割机的激光器系统。

2) 红宝石晶体

红宝石晶体的化学表示式为 $Cr^{3+}:Al_2O_3$,其激活离子是 Cr^{3+},基质是刚玉晶体 Al_2O_3。红宝石晶体属六方晶系,如图 1-38 所示,是无色透明的负单轴晶体,它具有很多优点:材

图 1-36　掺钕钇铝石榴石

图 1-37　YAG 棒

料机械强度高,能承受很高的激光功率密度;容易生长成较大尺寸;易获得大能量的单模输出。另外,红宝石晶体激光器输出的红光($0.6943\ \mu m$),不仅能为人眼可见,而且很容易被探测接收。因此,红宝石晶体属于一种优良的工作物质,从而得到广泛应用。

图 1-38　红宝石晶体

用红宝石晶体制成的大尺寸单脉冲器件输出能量已达上千焦耳,由其制成的单级调 Q 器件很容易得到几十兆瓦的峰值功率输出。多级放大器件的输出峰值功率已达数千兆瓦到一万兆瓦。

红宝石晶体突出的缺点是阈值高(因是三能级),且性能易随温度变化而变化。

3) 钕玻璃

钕玻璃是在某种成分的光学玻璃中掺入 $1\%\sim5\%$ 重量比的 Nd_2O_3 制成的,它属于四能级激光系统,阈值较低。

光学玻璃的制备工艺比较成熟,易获得良好的光学均匀性,玻璃的形状和尺寸也有较大的可塑性。大的钕玻璃棒长度可达 $1\sim2$ m,直径为 $30\sim100$ mm,可用来制成特大能量的激光器;小的钕玻璃棒可以做成直径仅几微米的玻璃纤维,用于集成光路中的光放大或振荡。

钕玻璃最大的缺点是导热率太低,热胀系数太大,热传导率很差,因此不适于作连续器件和高频运转的器件,只适合于在单次脉冲状态下运行。

2. 激光工作物质外部结构及特性

1) 激光工作物质外部结构

激光工作物质外形一般为圆柱形结构,如图 1-39 所示,简称激光棒。棒的两个端面严格平行,平行度误差小于 $10''$,平整度在 1/4 光圈内。棒的端面与棒轴垂直,经过抛光并且镀增透膜,使用过程中要保持棒端面光洁。

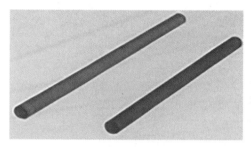

图 1-39 激光工作物质外部形状示意图

激光棒圆周面加工的比较粗糙,主要是为了使晶体更多的吸收泵浦光。

激光棒应具有很好的光学特性和物理特性,即光学均匀性好,无杂质颗粒、气泡、条纹及应力缺陷,尽量减少激光棒的吸收和散射损耗。

为了加工方便和激光输出参数的稳定性,激光工作物质还应具有机械强度高、熔点高、热导率高、热膨胀系数小等特点。

2) 激光工作物质主要技术参数

与激光设备使用相关的 YAG 棒的主要技术参数有:棒直径、棒长度、Nd 掺杂浓度、掺杂浓度误差、消光比及透过率等。

平均功率小于 10 W 的低功率型设备,激光棒直径为 $\Phi3\sim\Phi4$ mm,长度为 $30\sim50$ mm。

平均功率约几十瓦到近百瓦的中功率型设备,激光棒直径为 $\Phi4\sim\Phi6$ mm,长度为 $50\sim80$ mm。

平均功率为 100 W~300 W 的大功率型设备,激光棒直径为 $\Phi6\sim\Phi10$ mm,长度约为 $80\sim130$ mm。

激光打标机 YAG 棒直径为 $\Phi5\sim\Phi6$ mm,长度为 $80\sim100$ mm,激光焊接机 YAG 棒的尺寸更大一些。

激光器工作时,YAG 棒需用水冷却,以保持激光输出的稳定性。

3. 激光工作物质的安装过程

激光晶体安装过程如图 1-40 所示,具体步骤如下。

（1）用螺钉旋具分别拆下两端头上的棒压盖,取出两端头的橡胶堵头;

（2）取出置放于晶体盒中的晶体,目测检查其外观有无破损;

（3）晶体清洗;

（4）将晶体轻轻水平插入聚光腔内(保证两端露出部分基本等长);

（5）两端依次套上密封圈、棒压盖;

（6）用螺钉旋具将螺丝旋入,使压盖将密封圈均匀压紧。

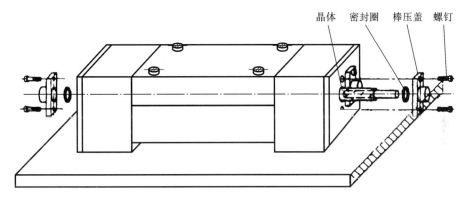

图 1-40　激光晶体安装示意图

4. YAG 激光工作物质的失效形式

1）激光工作物质的劣化现象

劣化现象的主要表现形式有:

（1）光-光转换效率降低了 50% 以上。

（2）晶体的中心产生色心吸收现象,其中红宝石中心由粉红→橙红→棕红,YAG 棒中心由淡紫→棕红,钕玻璃中心由紫红→棕红。

（3）杂质离子发生变价现象。

2）激光工作物质的破坏现象

工作物质的破坏现象有端面破坏、材料内部破坏、表面破坏等几种形式,其主要原因是棒承受的能量密度过大,棒的表面产生污染及冷却方式不妥当等。

工作物质出现破坏现象时,有的可以自行维护或交设备供应商维修,如棒的端面出现麻点或小凹坑时可以重新加镀增透膜、外表面出现污物时可以自行擦去。但当晶体内部出现网状或絮状裂纹、或晶体断裂时就彻底报废了。

3）激光工作物质的阈值破坏

工作物质的阈值破坏,其影响因素主要与工作物质本身有关,尤其是工作物质的内部、表面、谐振腔是否有聚焦点相关,也与加工工艺参数如电流大小、脉宽、频率等相关。

5. 激光晶体质量评价

评价一根 Nd:YAG 激光晶体的质量,应该考虑四大因素:晶体材料、光学加工质量、镀膜质量和激光性能。

激光晶体材料特性包括光学均匀性、消光比、光散射,还有 Nd 掺杂浓度及浓度梯度等指标。

激光晶体的光学加工质量包括选棒、切割、滚圆,端面抛光的粗糙度、平度,两端面平行度,端面与棒轴的垂直度等指标。

激光晶体两端面的镀膜质量包括膜层光洁度、牢度、增透膜的透过率、全反膜的反射率及半反膜的反射率等指标。

激光晶体的激光性能包括能级结构、吸收光谱、发射光谱、阈值等指标。

以上激光晶体的质量评价方法详见本教材知识拓展所示的 GB/T 13842—2017。

 ## 制定工作计划

本任务的工作计划如表 1-11 所示。

表 1-11　工作计划表

序　　号	工　作　内　容
1	认识固体激光器工作物质
2	清洁固体激光器工作物质
3	装调固体激光器工作物质
4	检验和评估固体激光器工作物质装调质量

备注:
(1) 固体激光器聚光腔体以单灯单泵为例;
(2) 激光器以灯泵浦 YAG 激光器为例

 ## 任务实施

以灯泵浦 YAG 激光器为例,实施固体激光器工作物质装调,完成工作记录表 1-12。

表 1-12　工作记录表

序号	工　作　内　容	工　作　记　录	
1	认识固体激光器工作物质(YAG 棒)	基质材料	
		名称	
		YAG 棒外部形状	
		YAG 棒直径	
		YAG 棒长度	
		评价 YAG 棒质量的主要因素	

续表

序号	工作内容	工作记录	
2	清洁固体激光器工作物质	清洁内容	
		清洁工具	
		清洁方法	
3	装调固体激光器工作物质	工作物质装调要求	
		工作物质装调原理	
		工作物质装调步骤	
4	检验和评估固体激光器工作物质装调质量		

思考题

固体激光器工作物质装调时要注意哪些问题？

工作检验与评估

检验和评估固体激光器工作物质装调质量：

(1) 指示红光、聚光腔分别与光具座垂直；

(2) 指示红光与 YAG 棒的中心同轴，并在一条直线上；

(3) 基准光源发出的光经过 YAG 棒后，产生的反射光斑 B 与入射光斑 A 重合。

任务5 固体激光器泵浦光源装调

 接受工作任务

【任务目标】

固体激光器泵浦光源装调。

【任务要求】

(1) 能正确识别固体激光器泵浦光源；

(2) 能正确清洁固体激光器泵浦光源；

(3) 能正确装调固体激光器泵浦光源；

(4) 能检验和评估固体激光器泵浦光源装调质量。

 信息收集与分析

1. 固体激光器的泵浦光源

由于固体激光器中的激光工作物质都是绝缘晶体，激光工作物质粒子数反转一般都是由光泵浦来实现的。

工业激光加工设备的固体激光器最常用的泵浦光源有惰性气体放电灯（灯内充入氙、氪等惰性气体）、金属蒸气灯（灯内充入汞、钠、钾等金属蒸气）、卤化物灯（碘钨灯、溴钨灯等）、半导体激光器、曝光泵（用聚光镜将日光会聚到激光棒中）等，其中以惰性气体放电灯应用最普遍。

泵浦光源应当满足两个基本条件：

(1) 泵浦光源有很高的发光效率；

(2) 泵浦光源辐射的光谱特性应与工作物质的吸收光谱相匹配。

2. 惰性气体放电灯的结构与分类

1) 惰性气体放电灯的结构

如图1-41所示，惰性气体放电灯的外形结构主要有圆柱直线形和螺旋形两种，圆柱直线形灯的尺寸与激光工作物质的尺寸大致相当。

内部结构：惰性气体放电灯是由管壁、电极、接头和充入的气体组成的，如图1-42所示。管壁用机械强度高、耐高温、透光性能好的石英玻璃制成。通过在石英玻璃中掺入少量

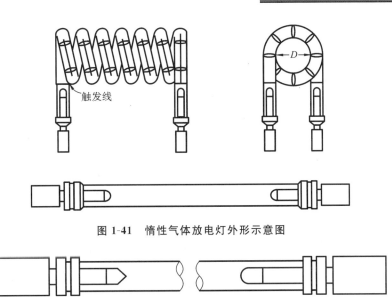

图 1-41 惰性气体放电灯外形示意图

图 1-42 惰性气体放电灯内部结构示意图

的铈(Ce)、铕(Eu),可吸收低于 $0.3~\mu m$ 的紫外光辐射,产生 $0.4\sim0.65~\mu m$ 的可见荧光,既可防止工作物质产生色心,又可提高泵浦效率。

电极是用高熔点、高电子发射率,又不易溅射的金属材料制成的。

常用的电极材料有钨、钍钨、钡钨和铈钨等,其中钍钨材料电极由于电子逸出功率较小,比较容易激发。高功率灯的电极要设计成水冷结构,如图 1-43 所示。

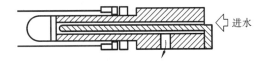

图 1-43 水冷结构电极示意图

电极头部形状尖锐有利于放电,但电流大时易损坏电极,主要用于峰值功率较小的连续灯,如打标机上的连续氪灯。

电极头部形状平圆头可以承受较大电流,主要用于峰值功率较大的脉冲灯,如焊接机上的脉冲氙灯。

实际使用中,惰性气体放电灯电极头部还有硬接头和软接头的区分,如图 1-44 所示。

接头连接的密封方式有用过渡玻璃连接和焊封两种方式。

用过渡玻璃连接时,由于石英的线膨胀系数为 $5\times10^{-7}℃^{-1}$,钍钨的线膨胀系数为 $46\times10^{-7}℃^{-1}$,所以电极温度发生变化时容易产生裂纹。焊封电极则没有此类问题。

图 1-45 所示的是用过渡玻璃连接的惰性气体放电灯,灯管内充入氙(Xe)、氪(Kr)等惰性气体。

2) 惰性气体放电灯的分类

常用惰性气体放电灯可分为脉冲灯和连续灯两大类,脉冲灯灯管内气体工作在一个随时间变化急剧变化的放电过程中,发光犹如闪电,又称闪光灯,也称脉冲氙灯。连续灯灯管

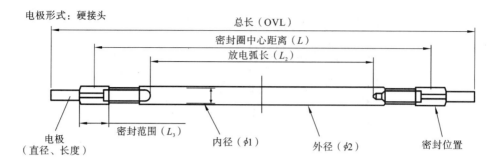

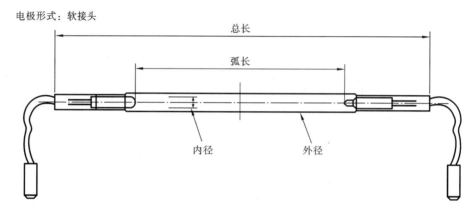

图 1-44　惰性气体放电灯硬接头和软接头示意图

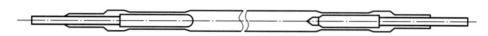

图 1-45　用过渡玻璃连接的惰性气体放电灯

内惰性气体工作在比较稳定的弧光放电状态,也称连续氪灯。

脉冲氙灯工作在较高电流密度下,以连续光谱为主。连续氪灯工作在较低电流密度下,以线状光谱为主。

3. 惰性气体放电灯的输出特性

1）惰性气体放电灯的输出特性与输出光谱

惰性气体放电灯的光辐射由强烈加宽的线状光谱和连续谱叠加而成。形象地说就是广泛发光、几点较强。对惰性气体放电灯的输出光谱的要求是尽量与激光工作物质的吸收光谱相匹配,并有较高的功率(光强)。

激光工作物质掺钕钇铝石榴石的吸收光谱如图 1-46 所示。

由图 1-46 可以看出,掺钕钇铝石榴石在 $0.60\ \mu m$、$0.75\ \mu m$、$0.80\ \mu m$ 附近有较强的吸收率。

2）低电流下脉冲氙灯与连续氪灯光谱分布

由图 1-47(b)可以看出,连续氪灯在低电流密度放电时,辐射的特征谱线的峰值波长在 0.76、0.82 和 $0.9\ \mu m$ 附近,与 YAG 的主要泵浦吸收带相匹配,因此连续和小能量(<10J)脉冲 YAG 激光器用连续氪灯泵浦效率较高,如激光打标机。

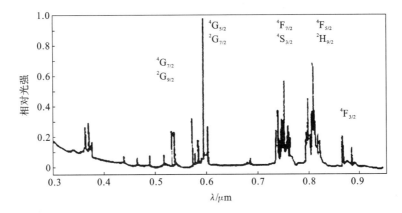

图 1-46 掺钕钇铝石榴石的吸收光谱

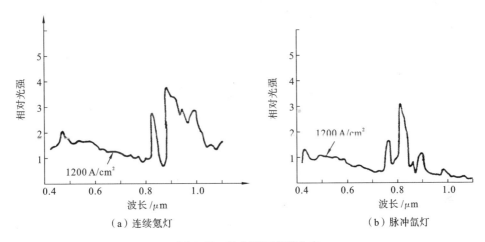

（a）连续氪灯   （b）脉冲氙灯

图 1-47 低电流下光谱分布

氙灯在低电流密度放电（如连续灯放电和小能量脉冲灯放电）时，辐射的特征谱线的峰值波长在 $0.84~\mu m$、$0.90~\mu m$ 和 $1~\mu m$ 附近，如图 1-47（a）所示，比较氪灯泵浦而言，氙灯效率较低。

4. 高电流下脉冲氙灯与连续氪灯光谱分布

由图 1-48 可以看出，当泵浦光源的放电电流密度较高时，灯的特征谱线相对减弱，由于脉冲氙灯此时辐射能量大、效率较高，所以受到广泛应用，如激光焊接机。

5. 惰性气体放电灯的效率

惰性气体放电灯的辐射效率 ηL 是辐射的总能量与输入电能之比，是一个非常重要的参数。它与充气的种类、压力、灯的尺寸（内径和极间距）和使用情况等有关。

1）充气种类的影响

充气物质原子量大，每次碰撞的平均能量转移多。原子电离电位低，电离度大。相同气压和放电条件下，连续谱的成分和总辐射量高。例如：Xe 的原子序数 54，Kr 的原子序数 36，

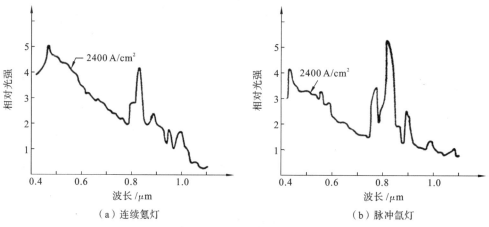

（a）连续氪灯　　　　　　　　　（b）脉冲氙灯

图 1-48　高电流下光谱分布

所以氙灯的连续谱和总能量高于氪灯。

2）充气气压的影响

在相同放电条件下，充入气体的气压增大时，激光输出能量增加。但灯在放电过程中，会形成冲击波。气压越高，冲击波越强，这对灯的寿命不利。因而大能量脉冲灯的充气压一般不能很高。小能量的脉冲灯或连续放电灯，因其工作在小电流密度情况下，充气压可以增高，但过高又会造成灯的触发引燃困难。

3）灯电流密度的影响

由图 1-49 可以看出，随着灯电流密度增高，线状谱和连续谱都增加，连续谱增长比线状谱快，短波部分增长比长波快。

为了提高泵浦光源的电光转换效率，使用灯时应该让灯在最佳电流密度下工作，如图1-50 所示。

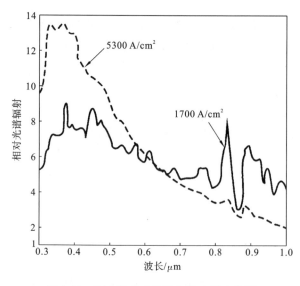

图 1-49　高电流密度下氙灯的光谱变化图

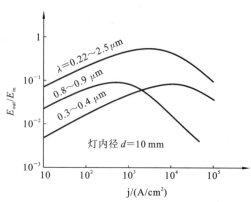

图 1-50　脉冲氙灯在各种光谱范围内的电光转换效率

要改变电流密度,连续灯主要靠改变输入电功率,脉冲灯主要靠改变输入电能量和放电时间(脉冲宽度)。

脉冲宽度过短,大部分能量用于电离,效率低。脉冲时间过长,电流密度下降,效率降低。最佳脉宽选择一般脉宽小于激光介质的荧光寿命。脉宽过长,电流密度下降,发光效率低,自发辐射严重。

4) 灯管内径的影响

惰性气体放电灯有一个最佳管径,它对应着灯的最大电光转换率。直径较大时,电弧无法充满管径,热中心气体密度低;同时,放电充满横截面时间长,气体未完全电离,输入功率已经下降,造成效率低。

直径较小时,存在管壁损失,效率降低。

6. 惰性气体放电灯的寿命计算

1) 惰性气体放电灯的损害方式

惰性气体放电灯经一段时间使用后,管壁会出现发黑、发白、龟裂等现象。其光输出将大为降低,工作也变得不稳定,从而丧失使用价值,有时甚至可能发生爆炸。

具体的灯失效现象可以归纳为:破坏性失效→爆炸,破损;非破坏性失效→输出能量,平均功率逐步减小。

2) 惰性气体放电灯的损害原因

造成灯损坏的原因是多方面的,内部原因主要是高温和冲击波的作用。对于连续弧光灯,前者是主要的;对于脉冲灯,后者是主要的。高重复率工作的脉冲灯往往二者兼而有之。

(1) 高温的作用。

当输入到灯内的功率或能量足够大时,由于放电过程中高温等离子体的产生,使灯管内壁的部分薄层被熔化、蒸发,尔后又重新凝聚在管壁的较冷部分,形成白色沉积物,同时伴随着应力的作用,使灯管内壁出现细小的裂纹;高温还会使电极材料蒸发,蒸发的电极材料亦沉积于管壁,使管壁发黑。另外,在脉冲灯内由于瞬时大电流,电极受电子流的强烈轰击而产生溅射,也会使管壁发黑。发黑的管壁部分会吸收更多的放电辐射而局部发热。严重时,石英管壁和金属互相掺熔在一起,冷却之后便形成裂纹。裂纹的形成会大大减弱灯管的机械强度;高温会使管壁与电极内的杂质气体逸出,降低了惰性气体的纯度,造成灯的工作不稳定;在灯电极和石英管的连接处,由于两种材料的热膨胀系数不一样,往往存在一定应力,高温下则容易炸裂。

(2) 冲击波的作用。

当脉冲灯被触发形成预电离后,电容器的储能便在极短的时间内释放到灯管中去,造成灯内等离子体急剧扩张,形成很强的冲击波。冲击波的振幅正比于输入功率,并随灯内充气压的增加而增大。当冲击波的强度超过管壁的极限强度时,就可能引起灯管炸裂。

3) 连续氪灯更换时间

灯使用一段时间后,着火电压升高,不能正常启动;或光能输出减少到低于初始值的

80％时,则认为灯的寿命终止。

氪灯出厂说明书建议氪灯的使用寿命一般为 300 h,但上述时间并不能作为更换氪灯的唯一依据。

随着使用时间的增加,氪灯的发光效率下降,激光输出也随之减弱,很多用户为了获得足够的激光输出,就加大激光电源的电流,使氪灯发光增强,这会使氪灯老化加快,甚至会导致炸灯现象。

建议按下面的方法决定是否应该更换氪灯:

当换上一支新氪灯时,记录正常工作时激光电源电流数值,作为标准电流。当氪灯逐渐老化,可加大激光电源电流输出,但激光电源电流数值不应超过标准电流值的 1.25 倍。

例如:新氪灯工作时电流值为 14 A,使用一段时间后,如果将电流值调大到 14×1.25＝17.5 A 后仍不能正常工作,则应考虑更换氪灯。

4) 脉冲氙灯的爆炸能量与寿命

脉冲灯用正常工作的闪光次数 m 表示寿命,实验发现,$m=(E_{ex}/E_{in})^{8.57}$,其中,分母为实际输入的单脉冲电能 E_{in},分子为极限负载能量 E_{ex}(灯所能承受的最大单脉冲输入电能)。

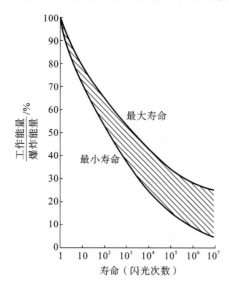

图 1-51　脉冲氙灯的爆炸能量
与使用寿命的关系

可见,实际输入的单脉冲电能 E_{in} 越小,极限负载能量 E_{ex} 越大,脉冲氙灯的寿命越长。

为了提高灯的使用寿命,除提高制造工艺水平外,在使用时应注意:不要使输入能量(功率)过高;尽量减小电流峰值,使冲击波减弱;发热严重时采用冷却措施;重复工作时采用预燃电路。如图 1-51 所示。

单次和低重复率脉冲固体 YAG 激光器主要采用脉冲氙灯泵浦的方式,连续和高重复率脉冲固体 YAG 激光器,在较高功率运转情况下主要采用连续氪灯泵浦的方式,如激光打标机。在较低功率运转时,可采用连续卤钨灯泵浦。

脉冲氙灯的辐射强度和辐射效率较其他灯都高,是红宝石钕玻璃和 Nd:YAG 脉冲激光器中应用最广泛的一种灯。氪灯在低电流密度下工作时,其辐射光谱与 Nd:YAG 泵浦吸收带相匹配,故在连续和小能量脉冲 Nd:YAG 器件中得到比较多的采用。碘钨灯用 220 V 电压即可,使用简单、方便,在功率小于 10 W 的连续 Nd:YAG 器件中可以应用。红宝石连续激光器多用高压蒸气灯,它的辐射谱与红宝石吸收谱能很好的匹配。砷化镓半导体激光器体积小,产生的激光又与掺钕工作物质吸收谱相匹配,可用于小型掺铁激光器。日光泵适用于空间技术中的激光器。

7. 惰性气体放电灯结构与性能参数

如图 1-52 所示,连续氪灯、脉冲氙灯的主要结构参数有:氪灯内径和外径,氙灯总长和放电弧长,氪灯极间距等,其结构参数如表 1-13 所示。STK(STx)系列氪灯型号说明如下。

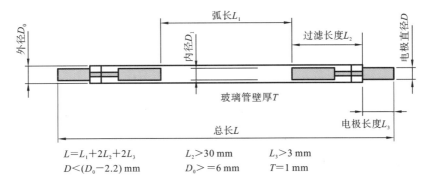

图 1-52 惰性气体放电灯结构参数计算

$$\text{STK}xxx\text{-}yyy\text{-}zzz\text{-W} \text{ 或 } \text{STK}xxx\text{-}yyy\text{-}zzz\text{-D}x\text{L}$$

其中,STK 为 STK 系列氪灯;xxx 为灯管外径(mm);yyy 为弧长(mm);zzz 为灯总长(mm);W 为电极软线引线。

表 1-13 连续氪灯结构参数

内径/mm	弧长/mm	总长/mm	外径/mm	电极/mm
4	100	276	6	f4.95×16
5	100	240	7	f5×15
5	100	219	7	软线
5	100	235	7	f6×10
6	102	200	7	f6.3×15

连续氪灯、脉冲氙灯主要性能参数有:最大输入功率、工作电流、工作电压等;脉冲氙灯还有平均寿命指标,一般在 30 万～100 万次左右。

8. 惰性气体放电灯的安装

(1) 如图 1-53 所示,分别将腔体两端头的灯压盖拆下,取出两端头内密封圈、压盖。

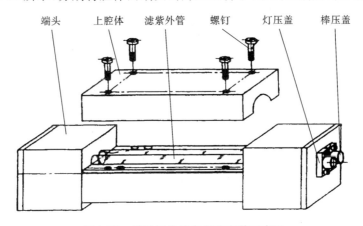

图 1-53 惰性气体放电灯的安装示意图

注意：氪灯的正负极的正确接法，脉冲氙灯则无正负极的区分。

（2）将泵浦光源轻轻水平插入聚光腔内，保证两端露出部分基本等长。

（3）两端依次套上密封圈、压盖。

（4）用螺钉旋具将螺钉旋入，使压盖将密封圈均匀压紧。

9. 选购激光泵浦光源

在选购固体激光器中的泵浦光源时要注意：

（1）泵浦光源是连续型还是脉冲型。

（2）泵浦光源管壁材料有熔融石英、掺铈石英和滤紫外石英等几种类型，用途各不相同，不能混同。

（3）泵浦光源不同的充气种类（氪气和氙气）和压强，对光源的效率和输出光谱等有较大的影响，可根据不同的使用情况予以改变以达到最佳的使用效果。

不同的激光电源所提供的点灯电压及电源特性不同，光源的充气压强及混合比例不同，所以不同厂家的设备所用的泵浦光源不能混用，如果代用，要选用相同伏安特性的光源。

 制定工作计划

本任务的工作计划如表 1-14 所示。

表 1-14　工作计划表

序　号	工 作 内 容
1	认识固体激光器泵浦光源
2	清洁固体激光器泵浦光源
3	装调固体激光器泵浦光源
4	检验和评估固体激光器泵浦光源装调质量

备注：

（1）固体激光器聚光腔体以单灯单泵为例；

（2）激光器以灯泵浦 YAG 激光器为例

 **任务实施**

实施固体激光器泵浦光源装调，完成工作记录表 1-15。

表 1-15 工作记录表

序号	工作内容	工作记录	
1	认识固体激光器泵浦光源	泵浦光源应当满足的两个基本条件	
		常见的固体激光器泵浦光源	
		实训设备采用的泵浦光源	
2	清洁固体激光器泵浦光源	泵浦光源清洁方法	
3	装调固体激光器泵浦光源	装调步骤	
4	检验和评估固体激光器泵浦光源装调质量		

 思考题

(1) 固体激光器泵浦光源安装时要注意哪些问题?

(2) 激光器泵浦光源的装调与工作物质的装调有什么区别?

(3) 激光器泵浦光源安装完成后,如何判断安装是否正确?

(4) 激光器泵浦光源的装调与工作物质的装调有什么区别?

 工作检验与评估

检验和评估固体激光器泵浦光源装调质量,主要参考依据:

(1) 泵浦光源在聚光腔体的安装位置正确(基准光源穿过工作物质);

(2) 泵浦光源的正负电极连接正确(红接正,黑接负);

(3) 泵浦光源在聚光腔的位置对称居中;

(4) 泵浦光源固定、压盖拧紧、压盖附近无漏水;

(5) 接通电源后,泵浦光源能够正常发光。

知识拓展

相关国标宣介

《掺钕钇铝石榴石激光棒》中华人民共和国国家标准，GB/T 13842—2017。

GB/T 13842—2017

中华人民共和国标准

掺钕钇铝石榴石激光棒

Neodymium–doped Yttrium Aluminum Garnet laster rods

1　范围

本标准规定了掺钕钇铝石榴石($Nd : Y_3Al_5O_{12}$，简称 $Nd : YAG$)激光棒的技术要求、检验方法、检验规则和交货准备等。

本标准适用于掺钕钇铝石榴石激光棒。

2　规范性引用文件

下列文件对于本文件的应用是必不可少的。凡是注日期的引用文件，仅注日期的版本适用于本文件。凡是不注日期的引用文件，其最新版本(包括所有的修改单)适用于本文件。

GB/T 1185—2006　光学零件表面疵病

GB/T 2828.1—2012　计数抽样检验程序　第1部分：按接收质量限检索的逐批检验抽样计划

GB/T 11297.1—2017　激光棒波前畸变测量方法

GB/T 11297.3—2002　掺钕钇铝石榴石激光棒消光比的测量方法

GB/T 16601—1996　光学表面激光损伤阈值测试方法

GB/T 27661—2011　激光棒单程损耗系数测量方法

GJB 1209—1991　微电路生产线认证用试验方法和程序

GJB 1525—1992　激光光学元件总规范

JY/T 015—1996　电感耦合等离子体原子发射光谱法通则

JB/T 8226.1—1999　光学零件镀膜　减反射膜

3　尺寸系列

优先选用的直径与长度尺寸组合应符合表1中涂黑部分，激光棒的直径与长度公差应符合直径 −0.05 mm～0.00 mm；长度−0.5 mm～+0.5 mm。优先选用的直径与长度尺寸组合(英制系列)见表2。

表 1　优先选用的直径与长度尺寸组合(公制系列)　　　单位为毫米

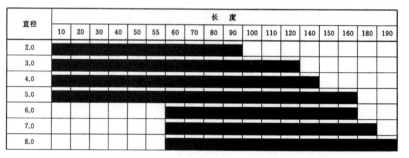

直径	长度																	
	10	20	30	40	50	55	60	70	80	90	100	110	120	140	150	160	180	190
2.0	█	█	█	█	█	█	█	█	█	█								
3.0	█	█	█	█	█	█	█	█	█	█	█	█	█					
4.0	█	█	█	█	█	█	█	█	█	█	█	█	█	█				
5.0	█	█	█	█	█	█	█	█	█	█	█	█	█	█	█	█		
6.0							█	█	█	█	█	█	█	█	█	█		
7.0							█	█	█	█	█	█	█	█	█	█		
8.0							█	█	█	█	█	█	█	█	█	█	█	█

GB/T 13842—2017

表1（续）

单位为毫米

直径	长度																	
	10	20	30	40	50	55	60	70	80	90	100	110	120	140	150	160	180	190
9.0							■	■	■	■	■	■	■	■	■	■	■	■
10.0							■	■	■	■	■	■	■	■	■	■	■	■
11.0							■	■	■	■	■	■	■	■	■	■	■	■
12.0							■	■	■	■	■	■	■	■	■	■	■	■
13.0							■	■	■	■	■	■	■	■	■	■	■	■
14.0							■	■	■	■	■	■	■	■	■	■	■	■
15.0							■	■	■	■	■	■	■	■	■	■	■	■
⋮																		
25.0							■	■	■	■	■	■	■	■	■	■	■	■

表2 优先选用的直径与长度尺寸组合（英制系列）

单位为毫米

直径	长度																	
	10	20	30	40	50	55	60	70	80	90	100	110	120	140	150	160	180	190
6.35							■	■	■	■	■	■	■	■	■	■		
9.52							■	■	■	■	■	■	■	■	■	■	■	■
12.70							■	■	■	■	■	■	■	■	■	■	■	■

4 技术要求

4.1 加工要求

4.1.1 激光棒的直径与长度尺寸及尺寸公差应符合第3章的规定。

4.1.2 两端面平行度（平面/平面）应优于或等于10″。

4.1.3 端面对棒轴垂直度应优于或等于5′。

4.1.4 端面表面疵病应符合 GB/T 1185—2006 的规定，具体要求为：B/0.8D₀×0.05；C1×0.01；P0.1（B 为麻点；D_0 为激光棒直径，单位为 mm；C 为划痕；P 为崩口）。

4.1.5 柱面粗糙度 Ra 应在 6.3 μm～1.25 μm。

4.1.6 柱面椭圆度应不大于 0.03 mm。

4.1.7 柱面锥度应不大于 0.03 mm。

4.1.8 端面平面度在全口径 90% 直径范围内应优于或等于 λ/10。

4.1.9 端面倒边宽度应在 0.07 mm～0.13 mm 范围内。

4.2 膜层

4.2.1 镀增透膜，在波长为 1.064 μm 处其剩余反射率不大于 0.2%。

4.2.2 镀膜后激光棒的麻点和划痕应符合 JB/T 8226.1—1999 中 4.2.2 和 4.2.3 的要求。

4.2.3 抗磨强度应符合 JB/T 8226.1—1999 中 4.3 的要求。

GBT 13842—2017

4.2.4 膜层抗激光光损伤阈值应不小于 300 MW/cm²。

4.3 棒轴取向

棒轴与晶向⟨111⟩或⟨100⟩之差不得超过5°。

4.4 钕浓度

钕浓度应符合表3所列级别。

表 3　钕浓度级别

级别	低	中	高
钕浓度(摩尔分数)/%	0.1～<0.8	0.8～<1.0	1.0～<1.3

4.5 光学性能

4.5.1 散射颗粒应按表4规定分级。

表 4　散射颗粒分级

单位为个每立方厘米

级别	合格级	优等级
散射颗粒	≤20	无

4.5.2 透射波前畸变(波长为633 nm)、消光比应按表5规定分级。

表 5　透射波前畸变、消光比分级

尺寸 mm	合格级		优等级	
	透射波前畸变 条/25 mm	消光比 dB	透射波前畸变 条/25 mm	消光比 dB
φ2～φ5	≤0.5	≥25	≤0.125	≥28
φ6～φ8	≤0.7	≥22	≤0.2	≥25
φ9～φ12.7	≤1.0	≥20	≤0.25	≥23
φ13～φ15	≤1.2	≥18	≤0.50	≥20
φ16～φ25	≤1.5	≥15	≤0.78	≥18

4.5.3　1.064 μm 的单程损耗系数应不大于 $0.28 \times 10^{-3} \text{cm}^{-1}$。

5　检验方法

5.1　加工要求的检验

5.1.1　用检定合格的量具测量尺寸及尺寸公差。

5.1.2　用测角仪,按 GJB 1525—1992 中的平行差的检验方法测量两端面平行度。

5.1.3　用测角仪测量端面对棒轴的垂直度。将被测激光棒水平放在 V 型槽内,用测角仪准直 V 型槽内的激光棒,然后转动激光棒一周,在测角仪的视场内观测激光棒反射像的移动距离,反射像上下或左

GB/T 13842—2017

右移动应≤5′(即≤10格)。

5.1.4 按 GB/T 1185—2006 规定的检验方法检验端面表面疵病。

5.1.5 用样板并目视检验柱面粗糙度。

5.1.6 将激光棒长度均匀分 5 个点,用检定合格的千分尺分别测试 5 点的外圆直径,45°旋转激光棒,旋转一周,记录每次旋转后的测量结果,五点分别测量旋转过程中的最大偏差,即椭圆度。所有测量数据之间最大偏差,即锥度。

5.1.7 用光学平面干涉仪,按 GJB 1525—1992 中的面型偏差的检验方法检验端面平面度。

5.1.8 用工具显微镜或类似的显微镜检验端面倒边宽度。

5.2 膜层检验

5.2.1 每炉随激光棒一同放置三块测试片,用低反仪或分光光度计按 JB/T 8226.1—1990 减反射膜剩余反射率测量方法进行测试膜层剩余反射率。

5.2.2 按 GB/T 1185—2006 规定的检验方法检验激光棒的膜层表面疵病。

5.2.3 按 JB/T 8226.1—1999 中 5.3 规定的试验方法检验测试片的抗磨强度。

5.2.4 每炉随激光棒一同放置三块测试片,按 GB/T 16601—1996 中的试验方法检测测试片的抗激光损伤阈值;测试系统设置:激光波长为 1 064 nm,脉宽为 10 ns～30 ns,重复频率为 1 Hz。

5.3 棒轴取向

用晶坯端面轴向表示激光棒棒轴取向,按 GJB 1209—1991 中的 1520 方法测定晶坯端面轴向为激光棒轴取向。

5.4 钕浓度

分别在取激光棒的晶坯的上部和下部各选取一浓度测试样品,按 JY/T 015—1996 的方法进行掺钕浓度的测量,得到掺钕的质量分数。按式(1)进行激光棒掺钕摩尔分数与质量分数之间的换算:

$$x = \frac{y \times M}{M_{Re}} \quad \cdots\cdots\cdots\cdots\cdots\cdots (1)$$

式中:

x ——晶坯测试样品掺钕摩尔分数,%;

y ——激光棒掺钕质量分数,%;

M ——激光棒的相对分子质量(Nd:YAG 的相对分子质量为 198.62);

M_{Re}——钕元素的相对原子质量(Nd 元素的相对原子质量为 144.24)。

激光棒的掺钕浓度为晶坯上、下两个浓度测试样品掺钕浓度按照式(2)计算出的平均值:

$$c = \frac{x_{上} + x_{下}}{2} \quad \cdots\cdots\cdots\cdots\cdots\cdots (2)$$

式中:

c ——激光棒掺钕摩尔分数,%;

$x_{上}$——晶坯上部掺钕摩尔分数,%;

$x_{下}$——晶坯下部掺钕摩尔分数,%。

5.5 光学性能

5.5.1 散射颗粒

用 5 mW～10 mW 的 He-Ne 激光作为检测光源,将样品放置于检测光源的光路中,并用 ϕ3 mm 的光斑进行检测。首先让 He-Ne 激光光束通过激光棒中心,然后上下、左右移动晶体棒,用肉眼从侧面观察晶体棒内部的散射颗粒。

5.5.2 透过波前畸变

按 GB/T 11297.1—2017 的规定测量激光棒的透过波前畸变。

5.5.3 消光比

当系统在正交偏光状态下,选取 $\phi5$ 光斑,系统消光比在 40 dB~45 dB 时,按 GB/T 11297.3—2002 的规定测量激光棒的消光比。

5.5.4 单程损耗系数

按 GB/T 27661—2011 的规定测量激光棒的单程损耗系数。

6 检验规则

6.1 检验分类

本标准规定的检验分为交收检验、周期检验和型式检验。

6.2 交收检验

产品交货时,激光棒应100%的按表6所列全部项目进行检验并分级,剔除不合格品。

表 6 交收检验项目表

序号	项目名称	要求章条号	测量方法章条号
1	尺寸及尺寸公差	4.1.1	5.1.1
2	两端面平行度	4.1.2	5.1.2
3	端面垂直度	4.1.3	5.1.3
4	端面表面疵病	4.1.4	5.1.4
5	柱面粗糙度	4.1.5	5.1.5
6	端面平面度	4.1.8	5.1.7
7	端面倒边宽度	4.1.9	5.1.8
8	膜层剩余反射	4.2.1	5.2.1
9	膜层表面疵病	4.2.2	5.2.2
10	散射颗粒	4.5.1	5.5.1
11	透射波前畸变	4.5.2	5.5.2
12	消光比	4.5.2	5.5.3

6.3 周期检验

6.3.1 检验项目

检验项目按表7所列项目进行检验。

GB/T 13842—2017

表 7　周期检验项目表

序号	项目名称	要求章条号	测量方法章条号
1	柱面椭圆度	4.1.6	5.1.6
2	柱面锥度	4.1.7	5.1.6
3	膜层抗磨强度	4.2.3	5.2.3
4	膜层抗激光光损伤阈值	4.2.4	5.2.4
5	棒轴取向	4.3	5.3
6	钕浓度	4.4	5.4
7	单程损耗系数	4.5.3	5.5.4

6.3.2　抽检数量及周期

6.3.2.1　表 7 中第 1 项和第 2 项,每批进行一次抽检,以每次生产的总数为一批,抽检数量按 GB/T 2828.1—2012 的规定进行,抽检方案为 AQL≤2.5,适用于一般民用产品。

6.3.2.2　表 7 中第 3 项、第 4 项、第 5 项、第 6 项及第 7 项,每半年至少进行一次,每次随机抽取 1 个~ 3 个测试样品。

6.4　型式检验

型式检验项目应包括 4.1~4.5 的全部技术要求。有下列情况之一时,应进行型式检验:

　　a)　新产品或老产品进行生产的试制定型鉴定时。
　　b)　正式生产后如材料、工艺、设备等有较大改变,可能影响产品性能时。
　　c)　出厂检验结果与上次型式检验有较大差异时。
　　d)　首次生产和停产后再生产时。
　　e)　国家质量监督机构提出进行例行检验的要求时。

6.5　判定规则

型式检验如有一项或几项不合格,应分析原因,采取措施后,重新检验,合格后方可生产。

6.6　复检

如订购方要求,应对交收检验项目及周期检验项目中的一项或多项,逐项进行复检,以复验结果分级并剔除不合格品。

7　标志、包装、运输、贮存

7.1　标志

7.1.1　在掺钕钇铝石榴石激光棒的合格证上应注明下列内容:

　　a)　产品名称;
　　b)　产品型号或标记;
　　c)　产品编号;
　　d)　制造单位名称;

GBT 13842—2017

e) 其他需要标志的内容。

7.1.2 包装盒内应有产品合格证及该掺钕钇铝石榴石激光棒的主要技术参数。

7.1.3 掺钕钇铝石榴石激光棒上应以适当的方法注出产品编号或生产批号。

7.2 包装

掺钕钇铝石榴石激光棒应用专用包装盒包装,包装盒应牢固并能防压、防震、防潮。

7.3 运输

掺钕钇铝石榴石激光棒应用冲击振动小的运输工具或在采取防冲击防振动的措施下运输,不能跌落与碰撞、不能受挤压。

7.4 贮存

应在室温无腐蚀及干燥通风的条件下贮存。

中 华 人 民 共 和 国
国 家 标 准
掺钕钇铝石榴石激光棒
GB/T 13842—2017

*

中 国 标 准 出 版 社 出 版 发 行
北京市朝阳区和平里西街甲2号(100029)
北京市西城区三里河北街16号(100045)

网址 www.spc.net.cn
总编室:(010)68533533　发行中心:(010)51780238
读者服务部:(010)68523946
中国标准出版社秦皇岛印刷厂印刷
各地新华书店经销

*

开本 880×1230 1/16　印张 0.75　字数 16 千字
2017 年 6 月第一版　2017 年 6 月第一次印刷

*

书号:155066·1-56373　定价 16.00 元

GB/T 13842-2017

任务 6　固体激光器光学谐振腔系统装调

 接受工作任务

【任务目标】

固体激光器光学谐振腔系统装调

【任务要求】

(1) 能正确进行固体激光器光学谐振腔系统装调前的器件检验；

(2) 能正确判断全反射镜片和部分反射镜片；

(3) 能正确判断全反射镜片和部分反射镜片的镀膜面和非镀膜面；

(4) 能正确清洗全反射镜片和部分反射镜片；

(5) 能正确安装与调整反射镜；

(6) 能正确进行固体激光器光学谐振腔系统的装调；

(7) 能满足灯泵浦 YAG 激光器光学谐振腔系统装调要求，使 YAG 晶体、全反射镜片、部分反射镜片、指示红光及扩束镜的中心同轴，并分别与光具座垂直；

(8) 通电测试，固体激光器正确出激光。

 信息收集与分析

1. 光学谐振腔的组成

1）谐振腔的组成

光学谐振腔由两个或两个以上光学反射镜面 R_1 和 R_2 组成，如图 1-54 所示。

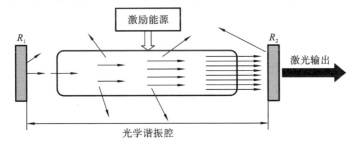

图 1-54　光学谐振腔示意图

两个反射镜可以是平面镜或球面镜,置于激光工作物质两端。它们构成一个光学谐振腔(optical-harmonic-oscillator)。两块反射镜之间的距离为腔长 L。其中一个反射镜面反射率接近 100%,称为全反射镜;另一个反射镜面反射率稍低些,称为部分反射镜,它可以部分反射激光,从而不断引起激光器谐振腔内的受激振荡,并允许激光从部分反射镜一端输出。故部分反射镜又称激光器窗口,是激光器的重要部件。图 1-55 所示的是反射镜的实际结构与调节。

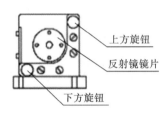

图 1-55 反射镜的实际结构与调节

全反射镜和部分反射镜也分别称为高反镜和低反镜,或称之为全反镜和半反镜。

2)反射镜的实际结构与调整方法

全反射镜、部分反射镜实际结构由反射镜上方旋钮、反射镜镜片、反射镜的下方旋钮、镜架等几个器件组成,

调节反射镜的上方旋钮,镜片将向前、右方向倾斜(即倒向谐振腔方向);或将向后、左方向倾斜(即倒向谐振腔反方向)。

同理,调节反射镜的下方旋钮,镜片将向后、左方向倾斜(即倒向谐振腔反方向);或将向前、右方向倾斜(即倒向谐振腔方向)。

通过调节全反镜和半反镜上的上方或下方旋钮,即可以调节谐振腔状态,获得满意的理想光斑。

2. 光学谐振腔的主要功能

谐振腔中包含了能实现粒子数反转的激光工作物质。它们受到激励后,许多原子将跃迁到激发态。但经过激发态寿命时间后又自发跃迁到低能态,放出光子。其中,偏离轴向的光子会很快逸出腔体。只有沿着轴向运动的光子会在谐振腔的两端反射镜之间来回运动而不逸出腔体。这些光子成为引起受激发射的外界光场。促使已实现粒子数反转的工作物质产生同样频率、同样方向、同样偏振状态和同样相位的受激辐射。这种过程在谐振腔轴线方向重复出现,从而使轴向行进的光子数不断增加,最后从部分反射镜中输出。

所以,谐振腔的主要功能是:

(1) 建立和维持自激振荡,实现光学正反馈,产生光放大作用。由两镜的反射率、几何形状及组合形式决定。

(2) 傍光轴振荡使激光沿轴线具有极好的方向性。

(3) 对激光波型加以选择,使输出激光具有确定的纵模和横模,使激光具有极好的单色性。

光学谐振腔影响输出激光的模式和转换率。

如果谐振腔内工作物质的某对能级处于粒子数反转状态,则频率处在它的谱线宽度内的微弱光信号会因增益而不断增强。另一方面,谐振腔中存在的各种损耗,又使光信号不断衰减。能否产生振荡,取决于增益与损耗的大小。

3. 光学谐振腔的种类

1) 按组成谐振腔的两块反射镜的形状以及它们的相对位置来区分

按组成谐振腔的两块反射镜的形状以及它们的相对位置来区分,光学谐振腔划分如下。

双凸腔:由两个凸面镜组成的共轴球面腔。

平凸腔:由一个平面镜与一个凸面镜组成的共轴球面腔。

双凹腔:由两个凹面镜组成的共轴球面腔。

平凹腔:由一个平面镜和一个凹面镜组成的共轴球面腔。

凹凸腔:由一个凹面反射镜和一个凸面反射镜组成的共轴球面腔。

平平腔:由两个平面反射镜组成的共轴谐振腔。

其中,共轴表示两个镜片的中心线重合,如图 1-56 所示。

图 1-56　共轴谐振腔

同心表示两球面镜的球心在腔的中心,如图 1-57 中 C 点所示。

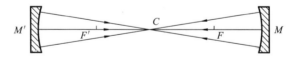

图 1-57　同心谐振腔

共焦表示两反射球面镜的曲率半径相同且重合,如图 1-58 中 F 点所示。

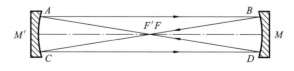

图 1-58　共焦谐振腔

如果反射镜焦点都位于腔的中点,称为对称共焦腔。对称表示双凹、双凸腔中两块反射镜的曲率半径相同。

2）按几何损耗（几何反射逸出）来区分

谐振腔又可以按几何损耗（几何反射逸出）分为两大类，激光束在腔内传播任意长时间而不会逸出腔体称为稳定腔；光束经有限数往返必定逸出腔体，称为非稳定腔。几何光学损耗介乎上述二者之间的，称为临界腔，如图 1-59 所示。

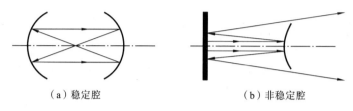

（a）稳定腔   （b）非稳定腔

图 1-59　稳定腔与非稳定腔

双凸腔、平凸腔是典型的非稳定腔类型。双凹腔、平凹腔、凹凸腔是有条件的稳定腔。平平腔是典型的临界腔类型。

平凹腔中，如果凹面镜的焦点正好落在平面镜上，则称为半共焦腔；如果凹面镜的球心落在平面镜上，便构成半共心腔。

如果反射镜焦点都位于腔的中点，便称为对称共焦腔。如果两球面镜的球心在腔的中心，称为共心腔。

3）谐振腔稳定的理论条件

由光线在腔内往返传输的矩阵表示法可以证明：若用 L 代表腔长，R_1、R_2 分别为两球面反射镜的曲率半径，则谐振腔稳定条件为

$$0 \leqslant (1-L/R_1)(1-L/R_2) \leqslant 1 \tag{1-1}$$

符号规则：凹面向着腔内时（凹镜）$R_i > 0$；凸面向着腔内时（凸镜）$R_i < 0$。

对于平面镜，有 $R \approx \infty$，$f = \infty$。由以上看出：谐振腔几何结构参数是稳定的唯一影响因素。若令

$$g_1 = 1-L/R_1, \quad g_2 = 1-L/R_2$$

则谐振腔稳定条件又可表示为

$$0 \leqslant g_1 g_2 \leqslant 1 \tag{1-2}$$

$$g_1 g_2 = \left(1-\frac{L}{R_1}\right)\left(1-\frac{L}{R_2}\right) = \frac{(R_1-L)(R_2-L)}{R_1 R_2}$$

当谐振腔的几何参数满足上述条件时，腔内近轴光线在腔内往返多次而不会横向逸出腔体，我们称谐振腔处于稳定工作状态。

根据稳定条件的数学形式，有

稳定腔： $0 < g_1 g_2 < 1$

非稳定腔： $g_1 g_2 < 0$ 或 $g_1 g_2 > 1$

临界腔： $g_1 g_2 = 1$ 或 $g_1 g_2 = 0$

从以上公式看出，只有 R_1、R_2 同时大于腔长或同时小于腔长时，才能形成稳定腔。

上述公式可以用一个图来表示，如图 1-60。其中：1 为平行平面腔，2 为半共焦腔，3 为半共心腔，4 为对称共焦腔，5 为对称共心腔。

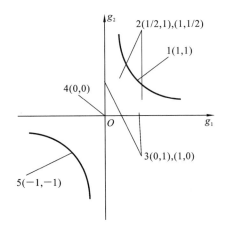

图 1-60　稳定腔与非稳定腔

4. 光学谐振腔镜片的安装

1）安装前全反射镜片和半反射镜片的清洗

（1）以吹气球吹去浮尘。

（2）用棉签蘸分析纯乙醇，由镀层面中间开始轻轻向镜面边缘作螺旋式擦拭。

（3）以干棉球或镜头纸，由镜面的中间开始轻轻向镜面边缘作螺旋式擦拭。

（4）迎光观察镜片，经擦拭后应光亮透明，表面无尘；如未达到要求请重复以上工作。

（5）放入防尘罩中备用。

2）全反射镜片和半反射镜片判断

全反射镜片和半反射镜片的位置在装配时不能互换，否则将改变激光输出端口。

3）全反射镜片和半反射镜片镀膜面的判断

判断镀膜面是否装配正确，可将膜片迎着光线观察来判别。制造商会在边缘做出记号来帮助辨别不同表面。一般这种记号是箭头，箭头对着其中一面。对于反射镜和输出镜，箭头对着镀膜面。

4）全反射镜片和半反射镜片的安装与调整

镜片的镀膜面应向着激光晶体端面，不能装反。镜片调整架先大致平行。

5. 谐振腔光路的装调

谐振腔调整对激光器功率的输出及光学质量至关重要。

1）谐振腔安装与调试要求

光学谐振腔系统的装调要求是：使 YAG 晶体、全反射镜片、半反射镜片及指示红光的中心同轴分别与光具座垂直，如图 1-61 所示。

2）谐振腔安装与调试步骤

谐振腔体的安装调试验具体步骤：

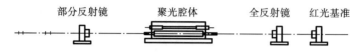

图 1-61　谐振腔装调要求示意图

（1）将清洁好的聚光腔体、YAG 晶体及泵浦光源装回原位，启燃指示红光（He-Ne 激光器）。以红光基准片为基准，调整指示红光光轴水平穿过红光基准片的两个小孔，如图 1-62 所示。

图 1-62　调整指示红光光轴

（2）以指示红光为基准，调整 YAG 晶体几何轴线与指示红光（He-Ne 激光器）同轴。细微移动聚光腔体，使得指示红光从 YAG 晶体几何中心线穿过，如图 1-63 所示。

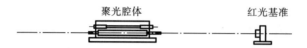

图 1-63　调整 YAG 晶体几何轴线与指示红光光轴同轴

（3）安装部分反射镜片，使该镜片的反射光点与原光束点在截光屏上重合。

在调整镜片的位置及角度时，将部分反射镜通过腔体对准基准红光，要注意部分反射镜的镀膜表面对准工作物质，再观测部分反射镜在基准红光表面的反射光斑。

若反射光斑 B 与入射光斑 A 不重合，则调整指示红光调节架上的 4 个调节螺钉，分别调节上、下、左、右四个方向直至光斑 A，B 两点重合，然后锁紧调节螺钉，如图 1-64、图 1-65 所示。

图 1-64　光斑调整前　　　　　**图 1-65　光斑调整后**

如果重合，则部分反射镜安装成功；否则，反复调节部分反射镜的上、下、左、右四个方向旋钮，直到重合，如图 1-66 所示。

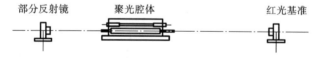

图 1-66　安装部分反射镜片示意图

（4）安装全反射镜片，调整全反射镜片的位置角度，使反射点与原光束点在截光屏上重合。

在调整镜片的位置及角度时,将全反射镜通过腔体对准基准红光,要注意全反射镜的镀膜表面对准工作物质,再观测全反射镜在基准红光表面的反射光斑。如果重合,则全反射镜安装成功。否则,反复调节全反射镜的上、下、左、右四个方向旋钮,直到重合,如图 1-67 所示。

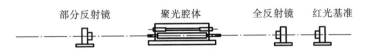

部分反射镜　　聚光腔体　　全反射镜　红光基准

图 1-67　安装全反射镜片示意图

经过上述调整后,YAG 晶体与镜片之间的位置已基本确定。

(5) 通电测试。

开启激光电源开关,缓慢调整电位器旋钮,取出激光倍频片(或相纸),放在部分反射镜外侧,如果有激光输出,转换片上有绿色光斑显现(或相纸上有痕迹)。分别反复调整全反射镜片和部分反射镜片的微调螺钉,直到将激光阈值调到最低,光斑调到最大、最圆为止。此时,谐振腔光振状态的调整工作即结束。

如果没有绿色光斑显现(或相纸上没有痕迹),可将电流加大,分别微调前后镜片架上的螺钉,看有没有绿色光斑显现(或相纸上有痕迹)。如果还没有,重复指示红光调整步骤(1),最终使激光输出。

(6) 如果谐振腔内有声光晶体(或其他器件),调整示意如图 1-68 所示。

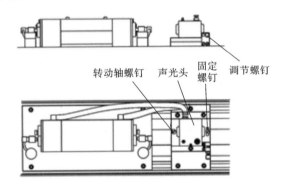

转动轴螺钉　声光头　固定螺钉　调节螺钉

图 1-68　声光晶体位置调整示意图

① 激光调出后,关闭激光电源,将声光架用螺丝固定好,使指示光从声光窗口中心通过。

② 开启激光电源点燃氪灯,将一白纸片插入输出镜片后方,缓慢调整声光架上螺钉(见图 1-68),使声光绕光轴缓缓偏转,观察白纸上指示光的衍射点,当衍射点为光强均匀发布的 3～4 点时即可。

③ 按开机步骤开机,取一金属片观察光在金属片上的刻蚀情况,此时,可调整声光架上螺钉,使火花飞溅最大、声音最响为最佳位置。

6. 谐振腔装调过程分析

(1) 在谐振腔安装与调试过程中,步骤(3)安装调整部分反射镜与步骤(4)安装调整全反射镜的次序可以相互颠倒。

一般来讲,一个人的手在调节光斑的过程中误差是一个定值,设这个定值为 X。

由图 1-69 可以看出,如果部分反射镜离红光基准的距离是 80 mm,所以调节部分反射镜的精度可以认为是 $X/80$。同理,如果全反射镜离红光基准的距离是 640 mm,那么调节全反射镜的精度可以认为是 $X/640$。

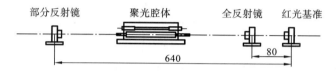

图 1-69 谐振腔安装与调试过程精度分析

因此可以得出结论,安装与调试全反射镜时的精度比安装与调试部分反射镜的精度要高;安装与调试部分反射镜比安装与调试全反射镜的速度要快。因此,我们首先调节部分反射镜可以快速获得完整的光斑,然后再调节全反射镜进一步获得高质量的光斑。

(2) 在谐振腔安装与调试过程中,先以扩束镜为基准调准红光光源,随后调节部分反射镜、全反射镜时再以红光为基准调节所有器件。

 制定工作计划

本任务的工作计划如表 1-16 所示。

表 1-16 工作计划表

序号	工 作 内 容	备 注
1	判断全反射镜片和部分反射镜片	装调前 器件检验
2	判断全反射镜片和部分反射镜片的镀膜面和非镀膜面	
3	清洗全反射镜片和部分反射镜片	
4	安装与调整反射镜片	
5	调整指示红光光轴水平穿过红光基准片	实施装调
6	调整 YAG 晶体几何轴线与指示红光光轴同轴	
7	安装部分反射镜,调整部分反射镜片与指示红光光轴同轴	
8	安装全反射镜,调整全反射镜片与指示红光光轴同轴	
9	接通电源,电流调至合适值,调试出激光	测试

 任务实施

实施固体激光器光学谐振腔系统装调任务,完成工作记录表 1-17。

表 1-17　光学谐振腔装调工作记录

序号	工 作 内 容		工 作 记 录
一、装调前的器件检验	1. 全反射镜片	(1) 找出全反射镜片	
		(2) 观察外观状况	
		(3) 全反射镜片的直径	
		(4) 全反射镜片的厚度	
		(5) 全反射镜片的材料	
		(6) 全反射镜片的反射率	
		(7) 全反射镜片的镀膜面	
	2. 部分反射镜片	(1) 找出部分反射镜片	
		(2) 观察外观状况	
		(3) 部分反射镜片的直径	
		(4) 部分反射镜片的厚度	
		(5) 部分反射镜片的材料	
		(6) 部分反射镜片的反射率	
		(7) 部分反射镜片的镀膜面	
	3. 反射镜	(1) 调整架的维数	
		(2) 观察外观状况	
		(3) 反射镜主要部件	
		(4) 反射镜包含部件是否齐全?	
		(5) 镜片与镜架的初始状态	
		(6) 部件是否完好可调?	
		(7) 初调内容	
		(8) 如何将镜片正确安装到调整架上?	
	4. 如何判断反射镜片的镀膜面?		
	5. 安装前,反射镜片是否需要清洗? 如是,如何清洗?		
	6. 谐振腔装调时,全反射镜和部分反射镜应分别位于光具座的什么位置?		
	7. 谐振腔装调时,全反射镜片和部分反射镜片的镀膜面应分别位于谐振腔的什么位置?		
	8. 如何正确安装镜片到调整架?		

续表

序号	工作内容		工作记录	
二、固体激光器光学谐振腔系统装调	1. 激光器的结构和功能	(1) 激光工作介质		
		(2) 激光激励能源		
		(3) 谐振腔腔长		
		(4) 谐振腔类型	按反射镜的形状区分	
			按几何损耗区分	
		(5) 激光波长		
		(6) 激光功率		
		(7) 激光出光方式(连续或脉冲)		
		(8) 供电电源		
		(9) 冷却系统		
		(10) 内循环介质		
	2. 装调要求			
	3. 装调步骤			
三、任务检测与评估	1. 通电测试	(1) 如何判断激光器是否出激光?		
		(2) 开启激光电源,电流调至合适值,能够正常出激光		
		(3) 开启激光电源,电流调至合适值,不能够正常出激光		
	2. 小组工作汇报	汇报提纲: (1) 工作结果; (2) 工作中遇到的问题和解决方案		

 工作检验与评估

固体激光器光学谐振腔系统装调任务的考核标准与评分表,见表1-18。

表 1-18 考核标准与评分表

考核环节	考核内容和要求	配分	扣分记录及备注	得分
职业素养	(1) 完成课前预习,清楚工作任务和操作流程(2分); (2) 遵守实训室管理规定和劳动纪律(2分); (3) 工服穿戴规范(2分); (4) 爱护实训设备(2分); (5) 注重清场清洁(2分)	10		
	(1) 安全意识: 工作中无出现违反安全防护的情况(4分); (2) 成本意识: 所有元器件完好无损(3分); (3) 团队合作意识: 小组分工,团队协作(3分)	10		
工作过程	全反射镜片和部分反射镜片的判断: (1) 有结果,结果正确(5分); (2) 无结果,但认真操作并积极寻找失败原因(3分); (3) 无结果,不积极讨论寻找原因(0分)	5		
	全反射镜片和部分反射镜片镀膜面的判断: (1) 有结果,结果正确(5分); (2) 无结果,但认真操作并积极寻找失败原因(3分); (3) 无结果,不积极讨论寻找原因(0分)	5		
	全反射镜片和部分反射镜片的清洗: (1) 结果正确,操作规范(5分); (2) 结果正确,操作不规范(3分); (3) 无结果(0分)	5		
	基准光源装调: (1) 结果正确,操作规范(5分); (2) 结果正确,操作不规范(3分); (3) 无结果(0分)	5		
	全反射镜安装正确: (1) 位置正确(5分); (2) 方向正确(5分)	10		
	部分反射镜安装正确: (1) 位置正确(5分); (2) 方向正确(5分)	10		

考核环节	考核内容和要求	配分	扣分记录及备注	得分
工作结果	通电测试： (1) 通电源,一次成功(10分); (2) 二次通电源,成功(8分); (3) 二次通电源,不成功,但认真操作并积极寻找失败原因(6分); (4) 二次通电源,不成功,不积极讨论寻找原因(0分)	10		
	小组汇报： (1) 结果正确,总结完整清晰(10分); (2) 结果正确,总结内容部分完整(8分); (3) 结果不正确,总结内容完整(6分); (4) 结果不正确,总结内容部分完整(4分); (5) 无汇报(0分)	10		
工作页	工作准备： (1) 有完成,答案正确(5分); (2) 有完成,答案部分正确,酌情扣分(1~4分); (3) 没完成(0分)	5		
	工作记录： (1) 有完成,答案正确(10分) (2) 有完成,答案部分正确,酌情扣分(1~9分) (3) 没完成(0分)	10		
	工作后思考： (1) 有完成,答案正确(5分) (2) 有完成,答案部分正确,酌情扣分(1~4分); (3) 没完成(0分)	5		
合计		100		

备注：
(1) 在工作中,要懂得激光及用电安全防护,如出现严重违章操作,应立即终止操作,总成绩为0分;
(2) 工作过程如出现弄虚作假的情况,总成绩为0分;
(3) 工作结果如出现弄虚作假的情况,总成绩为0分;
(4) 工作过程中因个人操作不当造成元器件破损,原价赔偿

 知识拓展

激光机光学平台的装调

以激光机光学平台安装调试为例,参照如下作业指导书,完成激光机光学平台的装调。

工序 1

操作名称:光学台加工 1。

作业内容:取调节螺钉,在螺纹处涂上红胶后拧在调整光底座上,用扳手拧紧,如图 1-70 所示。

注意事项:螺丝必须锁紧。

工序 2

操作名称:光学台加工 2。

作业内容:按图 1-71 所示,在每个螺钉上先放一个不锈钢垫片,再将蝶形弹簧背靠背地放在调节螺钉上,最上面加一个 M6 大平垫。

注意事项:蝶形弹簧放置不要装反。

图 1-70   工序 1 图例

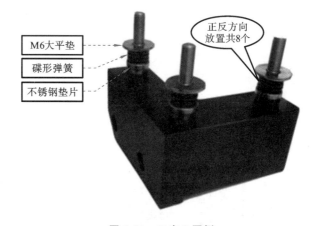

图 1-71   工序 2 图例

工序 3

操作名称:光学台加工 3。

作业内容:

(1) 取红光反射镜,按图 1-72 所示(镀膜面朝上)装在调整光镜片定位圈内。

(2) 放上 2 个保护垫、镜片压板,用 M3×12 内六角螺钉加弹垫固定在调整光镜片固定板上,如图 1-72 所示。

注意事项:镜片需清洗干净,正反面不要装错。

工序 4

操作名称:光学台加工 4。

作业内容:把装好镜片的固定板按图示装在底座调节螺钉上,用调节螺母加 M6 大平垫固定好(螺母稍微拧紧),如图 1-73 所示。

图 1-72　工序 3 图例　　　　　　　　　　图 1-73　工序 4 图例

工序 5

操作名称:光学台加工 5。

作业内容:

(1) 取全反射镜 100C 一片,按图 1-74 所示(镀膜面朝前、分界痕垂直向下)装在反射镜定位圈内。

(2) 放上 2 个保护垫、镜片压板后用 M3×12 内六角螺钉加弹垫将定位圈固定在反射镜座上,如图 1-74 所示。

图 1-74　工序 5 图例　　　　　　　　　　图 1-75　工序 6 图例

注意事项：

(1) 镜片需清洗干净，正反面不要装错。

(2) 角度要调整好。

工序 6

操作名称：光学台加工 6。

作业内容：

(1) 取全反射镜 100A 一片，按图 1-75 所示(镀膜面朝前)装在反射镜定位圈内。

(2) 放上 2 个保护垫、镜片压板后用 M3×12 内六角螺钉加弹垫将定位圈固定在反射镜座上，如图 1-75 所示。

注意事项：镜片需清洗干净，正反面不要装错。

工序 7

操作名称：光学台加工 7。

作业内容：

(1) 取线材 AK-54-(01-02)，套上两根 Φ2 热缩套管后和红色点状器焊接在一起，用风筒将套管吹紧。

(2) 取红灯固定架一个，拧上两颗 M4×16 内六角螺钉加平弹垫，如图 1-76 所示。

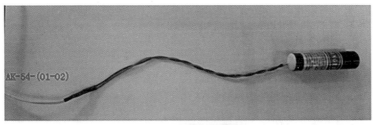

图 1-76　工序 7 图例

工序 8

操作名称：光学台加工 8。

作业内容：

(1) 对照图 1-77 示，用发泡胶带依次将激光防尘板、光纤过板、激光防护罩的边缘贴好。

(2) 取 4 个防水接头和 1 个过线胶圈装在光纤过板上，如图 1-77 所示。

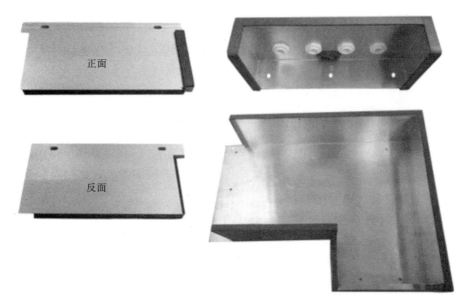

图 1-77 工序 8 图例

工序 9

操作名称:腔镜部分加工 1。

作业内容:取腔镜底座、调节螺钉,在螺钉螺纹处涂上红胶后拧在腔镜底座上,用扳手拧紧,如图 1-78 所示。

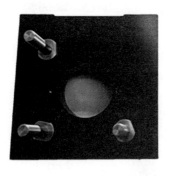

图 1-78 工序 9 图例

工序 10

操作名称:腔镜部分加工 2。

作业内容:按图 1-79 所示,在每个螺钉上先放一个不锈钢垫片,再将蝶形弹簧背靠背地放在调节螺钉上。

注意事项:蝶形弹簧放置不要装反。

正反方向
放置共8个

图 1-79 工序 10 图例

工序 11

操作名称:腔镜部分加工 3。

作业内容:将腔镜固定板安装在底座调节螺钉上,用调节螺母加 M6 大平垫固定好(螺母稍微拧紧),如图 1-80 所示。

注意事项:全反与输出安装方法一样。

工序 12

操作名称:腔镜部分加工 4。

作业内容:用 2 颗 M4×12 内六角螺钉加弹垫将腔镜固定筒安装在腔镜底座上,如图 1-81所示。

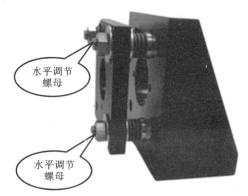

水平调节
螺母

水平调节
螺母

图 1-80 工序 11 图例

图 1-81 工序 12 图例

图例指引:

注意事项:全反与输出安装方法一样。

工序 13

操作名称:腔镜部分加工 5。

作业内容：

（1）剪 2 cm 长硅胶管，将其套进防尘管固定筒，如图 1-82(a)所示。

（2）将套好硅胶管的防尘管固定筒装在底座上，使硅胶管另一头套在腔镜固定筒上，用 2 颗 M4×12 内六角螺钉加平弹垫固定好，如图 1-82(b)所示。

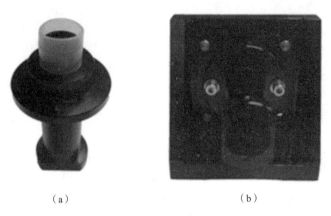

（a）　　　　　　　　　　　　（b）

图 1-82　工序 13 图例

注意事项：全反与输出安装方法一样。

工序 14

操作名称：腔镜部分加工 6。

作业内容：

（1）用酒精将腔镜、腔镜固定筒内部擦洗干净。

（2）依次将腔镜（镀膜面朝内）、腔镜隔圈放进筒内后用腔镜压圈拧紧，如图 1-83 所示。

图 1-83　工序 14 图例

（3）全反与输出安装方法一样：全反装腔镜一，输出装腔镜二。

注意事项：镜片需清洗、正反面不要装错。

工序 15

操作名称:耦合部分加工 1。

作业内容:取外筒一个,按图 1-84 所示方向将光纤对焦块放进外筒内,放上两根调节弹簧。

M6×16平端螺钉＋M6六角螺母

M3×10内六角螺钉＋弹垫＋压板

图 1-84　工序 15 图例　　　　　　　图 1-85　工序 16 图例

工序 16

操作名称:耦合部分加工 2。

作业内容:

(1) 按图 1-85 所示,在外筒两个螺孔拧上 2 颗 M3×10 内六角螺钉并锁紧;另两个螺孔拧内六角平端紧定螺钉加六角螺母。

(2) 调节六角螺母,使光纤对焦块处在外筒正中心。

工序 17

操作名称:耦合部分加工 3。

作业内容:

(1) 按图 1-86 所示装上压盖,用 4 颗 M3×10 内六角螺钉加平弹垫将压盖固定在外筒上并锁紧螺钉。

(2) 用 2 颗 M3×10 内六角螺钉加 4 个大平垫将压板与光纤对焦块拧在一起。

工序 18

操作名称:耦合部分加工 4。

作业内容:

(1) 将压环放在外筒上,如图 1-87(a)所示。

(2) 将微动调节盘拧在内筒上后把内筒放进外筒,用 4 颗 M2×8 内六角螺钉加弹垫将微动调节盘跟压环锁紧在一起,如图 1-87(b)所示。

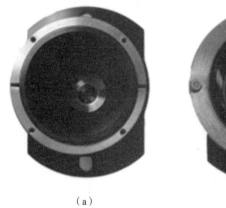

（a）   （b）

图 1-86   工序 17 图例   图 1-87   工序 18 图例

工序 19

操作名称：耦合部分加工 5。

作业内容：用一颗 M3×10 内六角螺钉加平弹垫将内筒固定，如图 1-88 所示。

工序 20

操作名称：耦合部分加工 6。

作业内容：

（1）用酒精将筒内部、光纤对焦块内孔和凸镜擦洗干净。

（2）依次将凸镜（凸面朝上）、凸镜隔圈放进筒内后用凸镜压圈拧紧，如图 1-89 所示。

注意事项：镜片需清洗干净，凸、平面不要装错。

凸面朝外

图 1-88   工序 19 图例   图 1-89   工序 20 图例

工序 21

操作名称：聚光腔加工 1。

作业内容：

（1）取聚光腔上盖部分，用酒精将灯管内外和腔壁擦洗干净。

（2）取完好的氙灯 2 支，从两侧谨慎地装进灯管内；氙灯的位置须处于正中间，不得偏左或偏右。

（3）在灯的两侧套上密封圈并调整好位置，用 4 个氙灯固定块固定好，如图 1-90 所示。

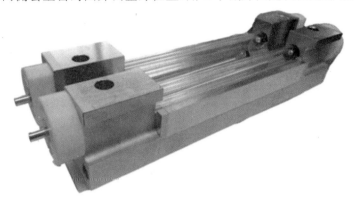

图 1-90　工序 21 图例

注意事项：氙灯易碎，安装时要小心谨慎。

工序 22

操作名称：聚光腔加工 2。

作业内容：

（1）取 YAG 晶体激光棒一根，用酒精将两头擦洗干净后套上密封圈。装上擦洗干净的棒套，如图 1-91(a) 所示。（棒留取外露的长度跟腔壁镀金面长度要一致）

（2）取聚光腔底座部分，用酒精将灯管内外和腔壁擦洗干净。

（3）将装好棒套的激光棒擦洗干净，从两侧谨慎地装进灯管内，如图 1-91(b) 所示。

（4）棒的位置须处于正中间，不得偏左或偏右。

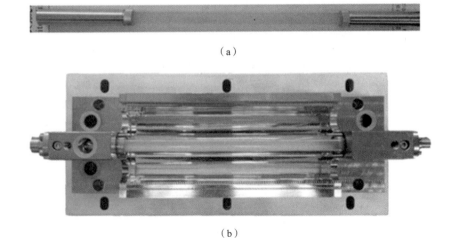

（a）

（b）

图 1-91　工序 22 图例

注意事项：激光棒必须擦洗干净。

工序 23

操作名称:聚光腔加工 3。

作业内容:将激光棒调整好位置后,在棒两端放入不锈钢垫片、大小密封胶圈,用激光棒固定块在两侧固定好,如图 1-92 所示。

图 1-92　工序 23 图例

注意事项:螺钉须锁紧。

工序 24

操作名称:聚光腔加工 4。

作业内容:

(1) 检查确认氙灯、激光棒都已装好,腔壁、灯管内外都已擦洗干净,几个密封胶圈位置都已放正后,将聚光腔上下部分装在一起,用其自带螺钉锁紧,如图 1-93(a) 所示。

(2) 将水嘴固定在聚光腔底部,如图 1-93(b) 所示。

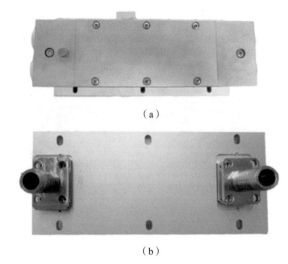

(a)

(b)

图 1-93　工序 24 图例

工序 25

操作名称:安装调试 1。

作业内容:

(1) 将红光反射镜组件、能量反馈组件安装在工作台上的相应位置。

(2) 把红色点状激光器的光斑调圆后装在固定架上;调节红光反射镜组件的水平和上下调节螺母,让反射镜反射的红光点落在调红光光阑中点,如图 1-94 所示。

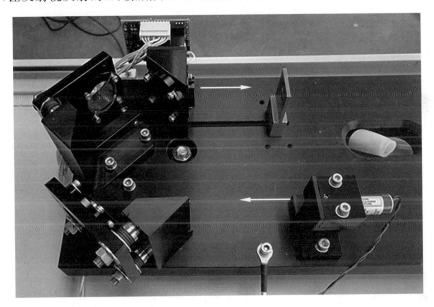

图 1-94 工序 25 图例

工序 26

操作名称:安装调试 2。

作业内容:

(1) 按图 1-95 所示,将聚光腔组件安装在工作台底板上,将调试激光棒的小孔光阑套在激光棒上,让红光(图中实线)通过小孔的中心。

(2) 调整聚光腔安装底板腰形孔的位置,使激光棒后端面反射到点状激光器的红光(图中虚线)点和出光孔相重合。

工序 27

操作名称:安装调试 3。

作业内容:

(1) 将输出镜组件安装在工作台上的相应位置,如图 1-96 所示。

(2) 调节输出镜组件的水平和上下调节螺母,让输出镜反射回来的红光(图中虚线)点和点状激光器的出光孔相重合。

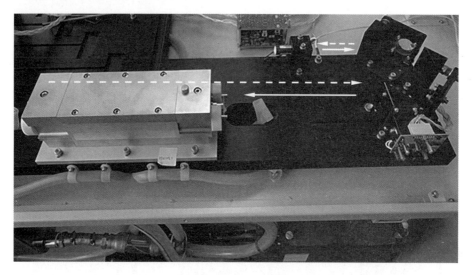

图 1-95 工序 26 图例

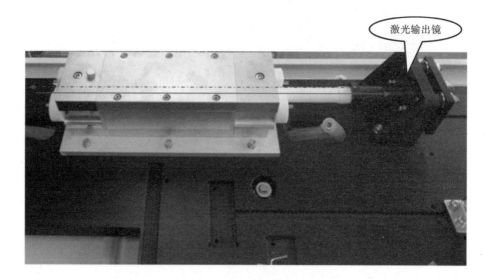

图 1-96 工序 27 图例

工序 28

操作名称:安装调试 4。

作业内容:

(1) 将全反射镜组件安装在工作台上的相应位置,如图 1-97 所示。

(2) 调节全反射镜组件的水平和上下调节螺母,让全反射镜反射回来的红光(图中虚线)点和点状激光器的出光孔相重合。

(3) 调好输出、全反射镜组件后将氪灯电源线接上。

注意事项:氪灯易碎,接线时要小心谨慎。

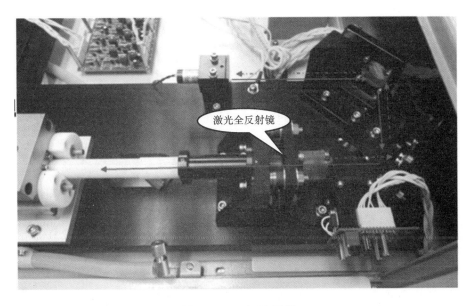

图 1-97　工序 28 图例

工序 29

操作名称:安装调试 5。

作业内容:

(1) 取激光能量计和能量计探头按图 1-98 所示摆好,将激光扩束镜放在输出镜与能量计之间,调整位置让红光点落在能量计探头的中点。

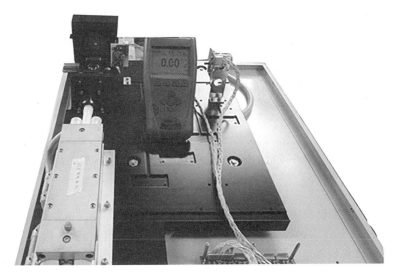

图 1-98　工序 29 图例

(2) 按照激光输出能量特性测试表要求进行激光能量输出测试,调节能量负反馈板上电位器,直至能量输出符合测试表规定的要求。

（3）将测试结果做好记录。

工序 30

操作名称：安装调试 6。

作业内容：将 100％激光全反射镜装在图 1-99 中所示的位置，调整全反射镜的反射角度和位置，使经过全反射镜的红光同时通过两光阑孔的中心。

图 1-99 工序 30 图例

工序 31

操作名称：安装调试 7。

作业内容：

（1）红光准直完成后，我们要保证红光能通过耦合筒的中心。

（2）将耦合筒安装在耦合筒固定架上，并将光阑旋入耦合筒的内筒，耦合筒在固定架上的位置，使红光能通过光阑孔的中心，如图 1-100 所示。

工序 32

操作名称：安装调试 8。

作业内容：

（1）装上光纤，用耦合筒观察镜将耦合筒校准。

（2）按照光纤耦合效率表要求进行激光能量输入与输出测试，调节耦合筒上的微动调节盘，直至耦合效率符合耦合效率表规定的要求，如图 1-101 所示。

（3）将测试结果做好记录。

工序 33

操作名称：安装调试 9。

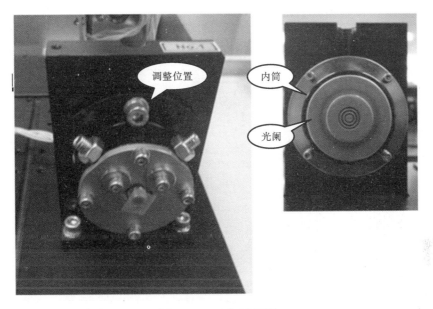

图 1-100　工序 31 图例

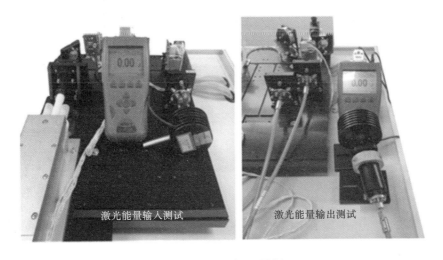

图 1-101　工序 32 图例

作业内容:

(1) 将各光路组件安装并调好后,依次装上激光防尘板、端面防护板和右防护板。

(2) 将光纤过板装上并将快门走线扎好,清理干净后盖上激光防护罩,如图 1-102 所示。

(3) 以上作业指导针对的是单光路机型,若为多光路机型,可以同样的安装、调试方法相应增加分快门、激光分光镜以及耦合筒。具体如下。

2 光路:增加 1 个分快门、1 个耦合筒和 1 块分光镜三。

3 光路:增加 2 个分快门、2 个耦合筒和 1 块分光镜二、1 块分光镜四。

4 光路:增加 3 个分快门、3 个耦合筒和 1 块分光镜一、1 块分光镜二、1 块分光镜四。

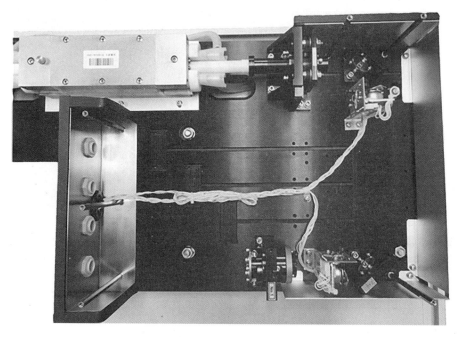

图 1-102　工序 33 图例

任务 7 激光功率及光束质量测试

 接受工作任务

【任务目标】

(1) 制作打光斑用的黑相纸；

(2) 观察、调整，获得理想激光光斑；

(3) 激光功率及光束质量测试。

【任务要求】

(1) 工具材料准备完整正确；

(2) 操作过程规范正确；

(3) 正确进行固体激光器光学谐振腔系统装调前的器件检验；

(4) 满足固体激光器光学谐振腔系统装调要求，使 YAG 晶体、全反射镜片、部分反射镜片与指示红光中心同轴，并分别与光具座垂直；

(5) 通电测试，黑相纸能够正常使用；

(6) 通电测试，固体激光器正确出激光；

(7) 观察、调整，获得理想激光光斑；

(8) 正确完成激光功率及光束质量测试。

 信息收集与分析

1. 装调前的材料及工具准备

1) 制作打光斑用的黑相纸的方法

黑白相纸(彩色相纸更好，可以看清楚模式)完全曝光是常用的光斑观察方法。相纸直接去照相馆订购即可。

(1) 工具准备：

① 显影液；

② 停影液(可用可不用)；

③ 定影液；

④ 盛放显影液、停影液和定影液的容器，有刻度最好；

⑤ 配制溶液用的搅拌棒；

⑥ 温度计。

（2）操作过程：

① 照相馆订购相纸。黑白相纸在阳光下完全曝光。

② 将完全曝光的相纸放入显影液中显影，漂洗。

注意：控制显影液的显影时间和温度。显影时间不要太短，短于 4 min 的显影液，操作很不方便，显影的均匀度不好。

显影时间过长，印出的照片容易造成颗粒粗的缺陷。显影后要漂洗。

③ 将已经显影的相纸放入定影液中定影，漂洗。

注意：控制定影液的定影时间和温度。定影液要求充分搅拌，可回收重复使用。

④ 相片的水洗：在干燥前，相片必须用清水冲洗，把残留的定影液从胶片上洗掉，通常水洗时间为 20 min。

⑤ 上光、干燥：将相片贴在光滑的玻璃或不锈钢表面干燥，或将相片挂在清洁、无尘、通风干燥的地方干燥。

注意：在胶片底部坠上一个夹子，防止胶片卷曲。偶尔快速干燥，可用吹风机；持续快速干燥，可用有热循环和空气过滤器的干燥柜。

⑥ 相纸曝光后可黏上一层透明胶带，防止从相纸上打下粉尘污染光学器件。用很薄、很平的透明塑料袋子装上相纸，保护效果也不错。

注意：在显影和定影之间可以加入停影这个步骤。停影液的作用是停止显影并洗掉胶片和显影罐上残存的显影液。

冲洗大批胶片且重复使用定影液时，则使用停影液。大多数定影液的容量都是基于使用停影液制定的。

2）制作倍频片（红外线观察板）的方法

将钡氟化镱红外材料用糊状黏合剂调均匀与铝片黏合在一起，待全干后即可使用。

3）观察激光光斑

低功率时候的光斑可用热敏纸观察，如传真纸、相纸、厚纸片、有机玻璃片均可。

也可以通过专门的光斑测试仪器来分析光斑数据。具体测量方法见知识扩展部分。

4）判断反射镜片

镀膜面、非镀膜面的观察与比较：

制造商会在镜片的边缘做出记号（箭头）来帮助用户辨别镜片镀膜面和非镀膜面，一般箭头对着高反镀膜面。辨别出反射面后镀膜的一面对着激光工作物质。

2. 理想光斑的观察与获得

理想光斑是通过调节全反射镜和部分反射镜上的旋钮来控制谐振腔的状态，从而得到圆且均匀的光斑，如图 1-103 所示。

完整的理想光斑，可以按坐标系分为 4 个象限，如图 1-104 所示。

实际光斑是有缺陷的，图 1-105（a）所示的是缺第一、二象限的实际光斑示意图，图 1-105（b）所示的是缺第一、四象限的实际光斑示意图，图 1-105（c）所示的是缺第二、三象限的实际光斑示意图，图 1-105（d）所示的是缺第三、四象限的实际光斑示意图。

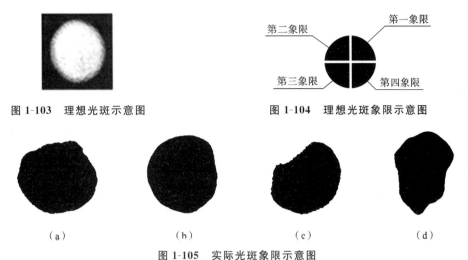

图 1-103   理想光斑示意图　　　　　图 1-104   理想光斑象限示意图

（a）　　　　　　　（b）　　　　　　　（c）　　　　　　　（d）

图 1-105   实际光斑象限示意图

通过实验,我们可以发现:

（1）调节全（部分）反射镜片上方旋钮,将使镜片沿谐振腔平行轴线方向旋转,使得光斑的上下部分图案产生变化（缺第一、二象限,缺第三、四象限）。

（2）调节全（部分）反射镜片下方旋钮,将使镜片沿谐振腔垂直轴线方向旋转,使得光斑的左右部分图案产生变化（缺第一、四象限,缺第二、三象限）。

（3）已经调节好的光斑,如果发现不是在红光的中心,可以通过同时调节全反射镜和部分反射镜上方旋钮,使光斑沿着上下方向平移,通过同时调节全反射镜和部分反射镜下方旋钮,使光斑沿着左右方向平移,此时应注意旋钮调节的旋转幅度一致。

（4）在实际的整机调光时,为了快速调节光斑,有时操作员会同时调节全反射镜和部分反射镜片,对于不同的激光器,调节方法也不同,有的是反向调节,有的是同向调节。

上述结论将给我们怎样调整全（部分）反射镜片提供依据。

3. 固体激光器的阈值条件(threshold condition)

1）固体激光器出光过程分析

激光器内受激辐射光来回传播时,并存着增益和损耗。

增益——光的放大作用;

损耗——光的吸收、散射、衍射、透射（包括部分反射镜处必要的激光输出）等。

对光学谐振腔,要获得光自激振荡,须令光在腔内来回一次所获增益至少可补偿传播中的损耗。

激光从产生到形成有如下两个阶段:

激光形成阶段,增益 ＞ 损耗;

激光稳定阶段,增益 ＝ 损耗。

2）增益系数 G(gain coefficient)及其计算

激光在工作物质内传播时的净增益计算,如图 1-106 所示,设 $x=0$ 处,光强为 I_0,在任意 x 处,光强为 I,在 $x+\mathrm{d}x$ 处,光强为 $I+\mathrm{d}I$,写成等式有

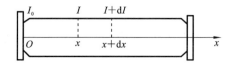

图 1-106　净增益计算

$$dI = GI\,dx$$

定义：增益系数 G（gain coefficient），即单位长度上光强增加的比例。

一般情况下 G 不是常数。为简单起见，近似地认为 G 是常数。在激光形成阶段，有

$$G > \frac{1}{2L}\ln\frac{1}{R_1R_2} = G_m$$

在激光稳定阶段，有

$$G = \frac{1}{2L}\ln\frac{1}{R_1R_2} = G_m$$

式中：G_m 称为阈值增益，即产生激光的最小增益。通常称 $G \geqslant \frac{1}{2L}\ln\frac{1}{R_1R_2} = G_m$ 为固体激光器的阈值条件。

为什么在激光的形成阶段 $G > G_m$？光放大时光强不会无限放大下去，原因是实际的增益系数 G 不是常量。当光强 I 增大时，增益系数 G 会减少。

为什么在激光的稳定阶段 $G = G_m$？这是由于光强增大伴随着粒子数反转程度的减弱。当光强增大到一定程度，G 下降到 G_m 时，增益＝损耗，激光就达到稳定了。

4. 固体激光器的输出特性

1）固体脉冲激光的弛豫振荡现象

图 1-107 所示为固体脉冲激光器产生的泵浦光源和激光脉冲的波形图。

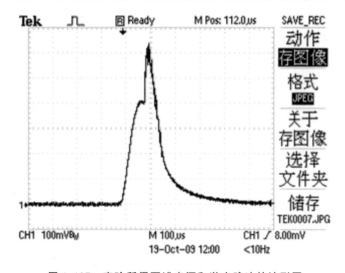

图 1-107　实验所得泵浦光源和激光脉冲的波形图

用示波器对图示固体激光器输出的脉冲展开并观察，可以发现其波形是由许多振幅、脉

宽和间隔作随机变化的尖峰脉冲组成的,各个短脉冲的持续时间为 $0.1 \sim 1\ \mu m$,各短脉冲之间的间隔为 $5 \sim 10\ \mu s$,如图 1-108 所示。脉冲序列的长度大致与闪光灯泵浦持续时间相等。

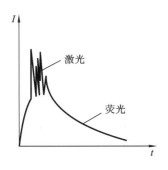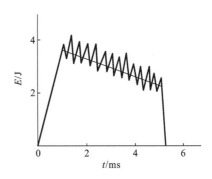

图 1-108　弛豫振荡波形图

图 1-109 所示为观察到的红宝石激光器输出的尖峰。泵浦光愈强,短脉冲数目愈多,其包络峰值并不增加。这种现象称为激光器弛豫振荡。

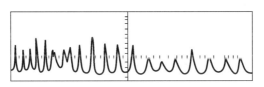

图 1-109　尖峰结构弛豫振荡波形图

2) 固体脉冲激光器的转换效率

总体效率定义为激光输出与泵浦灯的电输入之比。对于连续激光器,可用功率描述为

$$\eta_t = \frac{P_{out}}{P_{in}} = \left(1 - \frac{P_{ab}}{P_{in}}\right) = \frac{\nu_{21}}{\nu_P} \eta_L \eta_e \eta_{ab} \eta_l \eta_{cou}$$

固体激光器转换效率低。红宝石激光器的总体效率为 $0.5\% \sim 0.1\%$,YAG 激光器的总体效率为 $0.1\% \sim 0.2\%$。这是因为放电灯的发射光谱由连续谱和线状谱组成,覆盖很宽的波长范围,其中只有与工作物质吸收波长相匹配的波段的光可有效地用于激励。

采用波长与激光工作物质吸收波长相匹配的激光作激励光源,可大大提高激光器效率。例如,Nd:YAG 中宽约 30 nm 的 810 nm 泵浦吸收带中含有多条吸收谱线,若用波长为 810 nm 的半导体激光二极管输出光泵浦可以准确对准宽 2 nm 的 810 nm 波长的吸收谱线,半导体激光二极管激励的固体激光器的总体效率可以做到 $20\% \sim 50\%$。

对于脉冲激光器,可用能量描述为

$$\eta_t = \frac{E_{out}}{E_{in}} = \left(1 - \frac{E_{ab}}{E_{in}}\right) = \frac{\nu_{21}}{\nu_P} \eta_L \eta_e \eta_{ab} \eta_l \eta_{cou}$$

 制定工作计划

制作打光斑用的黑白相纸的工作计划如表 1-19 所示。

表 1-19　工作计划表一

序号	工作内容	备注
1	准备好制作黑白相纸所需要的材料工具,包括订购相纸	材料工具准备
2	黑白相纸在阳光下完全曝光	操作过程
3	将完全曝光的相纸放入显影液中显影,漂洗	
4	将已经显影的相纸放入停影液中停影(注意:在显影和定影之间可以加入停影这个步骤,可用可不用)	
5	将已经显影的相纸放入定影液中定影,漂洗	
6	水洗相片	
7	上光、干燥	
8	用透明胶带或者很薄、很平的透明塑料袋子装上相纸	
9	用制作好的相纸测试激光光斑	任务检测

观察调整获得理想激光光斑和激光功率及光束质量测试的工作计划如表 1-20 所示。

表 1-20　工作计划表二

序号	工作内容	备注
1	判断全反射镜片和部分反射镜片	装调前器件检验
2	判断全反射镜片和部分反射镜片的镀膜面和非镀膜面	
3	清洗全反射镜片和部分反射镜片	
4	安装与调整反射镜片	
5	调整指示红光光轴水平穿过红光基准片	实施装调
6	调整 YAG 晶体几何轴线与指示红光光轴同轴	
7	安装部分反射镜,调整部分反射镜片与指示红光光轴同轴	
8	安装全反射镜,调整全反射镜片与指示红光光轴同轴	
9	接通电源,电流调至合适值,调试出激光	通电测试
10	观察调整获得理想激光光斑	激光光斑质量测试
11	激光功率及光束质量测试	

 **任务实施**

实施固体激光器激光功率及光束质量测试任务,完成工作记录表 1-21。

表 1-21　工作记录表

工作任务	工作内容	工作记录
（一）制作打光斑用黑白相纸	1. 材料工具准备	
	2. 工作过程	
	3. 工作结果检测与评估（如何评价完成的激光调光黑白相纸的质量）	
	4. 实施中遇到的问题和解决问题的方法	
（二）观察调整获得理想激光光斑	1. 理想激光光斑	
	2. 实际激光光斑	
	3. 如何调整获得理想激光光斑	
	4. 实施中遇到的问题和解决问题的方法	
（三）激光功率及光束质量测试	激光功率记录	
	激光功率结果分析	
	激光能量记录	
	激光能量结果分析	

 工作后思考

（1）哪些情况可能导致黑白相纸制作失败？

（2）如何调整才能获得理想的激光光斑？

（3）如何提高激光的输出功率或输出能量？

 工作检验与评估

激光功率及光束质量测试考核标准及评分表，见表 1-22。

表 1-22　考核标准及评分表

考核环节	考核内容和要求	配分	扣分记录及备注	得分
职业素养	（1）完成课前预习，清楚工作任务和操作流程（2分）； （2）遵守实训室管理规定和劳动纪律（2分）； （3）工服穿戴规范（2分）； （4）爱护实训设备（2分）； （5）注重清场清洁（2分）	10		

考核环节	考核内容和要求	配分	扣分记录及备注	得分
职业素养	（1）安全意识： 工作中无出现违反安全防护的情况（4分）。 （2）成本意识： 所有元器件完好无损（3分）。 （3）团队合作意识： 小组分工,团队协作（3分）	10		
工作过程	黑白相纸在阳光下完全曝光： （1）有结果,结果正确（5分）； （2）无结果,但认真操作并积极寻找失败原因（3分）； （3）无结果,不积极讨论寻找原因（0分）	5		
	将完全曝光的相纸放入显影液中显影,漂洗： （1）有结果,结果正确（5分）； （2）无结果,但认真操作并积极寻找失败原因（3分）； （3）无结果,不积极讨论寻找原因（0分）	5		
	将已经显影的相纸放入定影液中定影,漂洗： （1）结果正确,操作规范（5分）； （2）结果正确,操作不规范（3分）； （3）无结果（0分）	5		
	水洗相片： （1）结果正确,操作规范（5分）； （2）结果正确,操作不规范（3分）； （3）无结果（0分）	5		
	上光、干燥： （1）结果正确,操作规范（5分）； （2）结果正确,操作不规范（3分）； （3）无结果（0分）	5		
	相纸的保存： （1）结果正确,操作规范（5分）； （2）结果正确,操作不规范（3分）； （3）无结果（0分）	5		

续表

考核环节	考核内容和要求	配分	扣分记录及备注	得分
工作结果	通电测试： (1) 一次通电源，成功(10分)； (2) 二次通电源，成功(8分)； (3) 二次通电源，不成功，但认真操作并积极寻找失败原因，三次通电源，成功(5分)； (4) 二次通电源，不成功，不积极讨论寻找原因(0分)	10		
	调整、获得理想激光光斑： (1) 一次成功(10分)， (2) 二次成功(8分)； (3) 三次成功(5)； (4) 不成功(0分)	10		
	激光功率及光束质量测试： (1) 结果正确，操作规范(5分)； (2) 结果正确，操作不规范(3分)； (3) 无结果(0分)	5		
	小组汇报： (1) 结果正确，总结完整清晰(10分) (2) 结果正确，总结内容部分完整(8分) (3) 结果不正确，总结内容完整(6分) (4) 结果不正确，总结内容部分完整(4分) (5) 无汇报(0分)	10		
工作页	工作准备： (1) 有完成，答案正确(5分)； (2) 有完成，答案部分正确，酌情扣分(1～4分)； (3) 没完成(0分)	5		
	工作记录： (1) 有完成，答案正确(5分)； (2) 有完成，答案部分正确，酌情扣分(1～4分)； (3) 没完成(0分)	5		
	工作后思考： (1) 有完成，答案正确(5分)； (2) 有完成，答案部分正确，酌情扣分(1～4分)； (3) 没完成(0分)	5		
合计		100		

考核环节	考核内容和要求	配分	扣分记录及备注	得分

备注：

（1）在工作中，要懂得激光及用电安全防护，如出现严重违章操作，应立即终止操作，总成绩为 0 分；

（2）工作过程如出现弄虚作假的情况，总成绩为 0 分；

（3）工作结果如出现弄虚作假的情况，总成绩为 0 分；

（4）工作过程中因个人操作不当造成元器件破损，原价赔偿

知识拓展

连续—脉冲—532 nm 绿激光器教学实验系统

1. 激光器的结构

激光器的结构如图 1-110 所示。

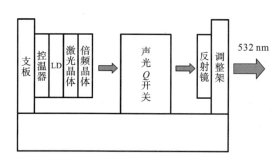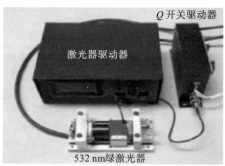

图 1-110　激光器的结构

2. 仪器规格与配置

（1）连续输出功率：30 mW。

（2）调制频率：0～100 kHz。

（3）Q 开关超声波频率：70 MHz。

（4）配置：激光头、激光器驱动器、Q 开关驱动器。

3. 教学实验内容

（1）连续绿激光实验；

（2）谐振腔调整，横模观察，输出功率及其稳定性测量，纵模测试；

（3）脉冲绿激光器实验；

（4）谐振腔调整，横模观察，激光脉冲频率和宽度测量，平均功率、峰值功率、脉冲能量及其稳定性测量，最佳工作条件的确定；

（5）连续和脉冲激光倍频效率的比较；

（6）拉曼衍射实验，衍射光斑、衍射角、衍射效率；

（7）声光 Q 开关实验；

（8）超声载波、调制信号和已调制超声载波测量（波形、频率和幅度）。

4. 教学实验操作

（1）连续绿光实验；

（2）谐振腔调整；

（3）以 Ne-Ne 激光光束作为准直工具，进行激光谐振腔的调整，得到绿光输出；

（4）连接激光器与其驱动器，连接声光 Q 开关与其驱动器，暂不加电；

（5）从激光器底座上卸下反射镜和 Q 开关；

（6）调整绿激光器和 He-Ne 激光器的相对位置，使用 He-Ne 激光束垂直入射到倍频晶体 KTP 的中心，并使此光束按原方向返回；

（7）固定绿激光器和 He-Ne 激光器的相对位置；

（8）把反射镜安装到激光器底板上，粗调它的位置和方位，它和 He-Ne 激光束垂直。此平凹反射镜有一大一小两个反射光斑；使用大光斑和入射光束同心，并使小光斑尽量和入射光束接近（同心最好）；

（9）按激光器驱动器使用要求，接通激光器驱动器，并使 LD 在适当的电流下工作：此时应当看到有绿激光输出；如果没有激光输出，可以微调反射镜的角度（在小范围内扫描），直到有绿激光输出；

（10）微调反射镜角度，使输出绿激光最强。

（11）纵模测试：

① 此项测量需要珐布里—珀罗（F-P）共焦球面扫描干涉仪（这是实验室的基本实验和必备仪器）；

② 按珐布里—珀罗（F-P）共焦球面扫描干涉仪的要求，把输出绿激光束透射到此干涉仪中，用光电接收器接收通过干涉仪的光，可以得到此绿激光器的纵模情况，包括此激光束中有几个纵模（是否为单纵模激光器），各条谱线的光谱宽度，它们的相对强度，及此光束中有无高阶横模等情况；研究激光谐振腔及抽运强度对激光横模与纵模的影响；

（12）输出功率及其稳定性测量：

① 此项测量需要激光功率计；

② 把输出激光束透射到激光功率计内，即可测量绿激光的功率及其稳定性；

③ 改变激光器工作电流，可以得到激光器输出功率和驱动电流对应关系的曲线；

④ 固体激光器工作电流，在激光器达到平衡后（一般需要 15 min），记录其输出功率的变化，得到其输出功率稳定性。

5. 脉冲绿激光器实验

（1）谐振腔调整：

① 按前述方法调出连续绿激光并使其是基横模并且功率最大；

② 把声光 Q 开关放入激光谐振腔内，细心微调它的位置和方位，直到有绿激光输出，并使输出光最强；

③ 使用声光 Q 开关驱动器工作，此时微调声光 Q 开关的角度（有时需要配合微调反射镜的角度），使得输出绿激光是基横模输出，并且光强最大。

（2）横模观察：同连续绿激光的观察。

（3）激光脉冲频率和宽度测量：

① 此项需要光电接收器和示波器；

② 连接光电接收器和示波器，并使它们开始工作；

③ 把光电接收对准绿激光器输出光束，此时在示波器上可以看到脉冲绿激光的波形、频率/周期、脉冲宽度及激光脉冲的稳定性等。

（4）平均功率、峰值功率、脉冲能量及其稳定性测量。

① 用功率计测量输出绿激光的平均功率，用示波器测量脉冲绿激光的重复频率和脉冲宽度，从而得到绿激光器的平均功率、峰值功率、单脉冲能量；

② 测量平均功率的稳定性，可以计算得到绿激光器的平均峰值功率稳定性、平均单脉冲能量稳定性；

③ 从示波器的波形上可以得到激光脉冲峰值功率的不稳定性。

（5）脉冲激光的峰值功率、平均功率、脉冲宽度和抽运功率等参数之间的关系：单独或同时改变激光器的抽运功率、重复频率，可以得到这些参数之间的关系。

（6）最佳工作条件的确定：根据需要，可以改变激光器的抽运功率、脉冲频率等参数，以得到最大平均输出功率，或最高单脉冲能量等。

（7）连续和脉冲激光倍频率的比较：改变激光器抽运功率、声光 Q 开关的工作频率等参数，将导致脉冲绿激光的平均功率、峰值功率、倍频效率的改变；从而影响与连续绿激光器倍频率进行对比。

6. 衍射实验

此项实验可以用绿激光器进行，也可以用 He-Ne 激光器进行；测量衍射效率时，需要激光功率计。

7. 具体操作

（1）按前法调出绿激光；

（2）使此激光束垂直通过声光 Q 开关工作介质的中部，然后使声光 Q 开关驱动器工作，在声光 Q 开关后的屏上可以看到透射光斑和衍射光斑；仔细调整声光 Q 开关的位置和角度，可以观察到相对于透射光斑对称和不对称的、或强或弱的各级衍射光斑，也可以得到最大的衍射效率及相应的位置；

（3）通过简单的几何测量，可以得到衍射角等有关衍射的参量；

（4）通过功率测量，可以得到衍射效率等参量。

8. 调制信号、超声载波和已调制超声载波测量（波形、频率和幅度）

（1）此项测量需要高频示波器。

（2）具体作法：

① 用同轴电缆连接声光 Q 开关驱动器的控制信号输入端的 Q_9 插座和示波器，可以在示波器上观察和测量控制信号的波形、重复频率、脉冲宽度、幅度和占空比等；

② 用同轴电缆连接声光 Q 开关驱动器的输出端的 Q_9 插座（和输出到声光 Q 开关并联）和示波器，可以在示波器上观察和测量声光 Q 开关输出波形（70 MHz 超声波正弦信号和调制后的波形）；

③ 声光 Q 开关驱动器上控制线路板 4 路开关说明；

④ 1♯、2♯和 3♯只能分别单独接通一个，允许同时接通；

1♯接通时，用内部方波信号控制 Q 开关工作；

2♯接通时，用（计算机）TTL 电平控制 Q 开关（接在 com 点）；

3♯接通时，用手动触发控制 Q 开关工作（接在 tap 点）；

4♯接通 5VDC 电源，控制板工作。

任务8　固体激光器调 Q 模块装调

 接受工作任务

【任务目标】

固体激光器调 Q 模块装调。

【任务要求】

（1）正确调出激光：Q 模块装调前，通电测试，固体激光器正确出激光。

（2）正确安装 Q 开关：关闭激光电源，将声光架用螺钉固定好，使指示光从声光 Q 开关窗口中心通过。

（3）正确调试 Q 开关：再次开启激光电源点燃泵浦光源，在保持激光电源原电流值不变的情况下，启动 Q 开关，绿色光斑不显现。关闭和启动 Q 开关，通过检测输出激光光斑，确定 Q 开关正常工作。

（4）漏光检查：在 Q 开关启动的状态下，加大激光电源的电流值，检查 Q 开关是否漏光。如有漏光现象，微调 Q 开关旋钮至不漏光。

 信息收集与分析

1. 调 Q 原理

有了合适的激光工作物质、光泵浦源、聚光腔及谐振腔，配上合适的电源及冷却系统，固体激光器就可以以脉冲或连续方式工作了。其中：

$$脉冲激光峰值功率＝静态输出激光能量/静态激光脉宽$$
$$连续激光功率＝静态输出激光功率$$

但是，大量固体激光器的实验证明，由于"弛豫振荡"现象存在，脉冲激光的峰值功率不能满足激光加工的要求，严重地限制了它的应用范围。

在连续光泵浦激励下得到的中小功率连续固体激光器的激光功率也远远不能满足激光加工的功率要求。

对一个光脉冲，若脉冲能量愈高，宽度愈窄，则可获得的激光脉冲峰值功率愈强。

要把激光应用到激光加工中，就要求激光器输出高峰值功率的光脉冲；但泵浦能量的增加无助于激光峰值功率的大幅度提高。只会使小尖峰脉冲的个数增多，相应地尖峰脉冲序列分布的时间范围更宽。

在脉冲激光中,欲使输出峰值功率达兆瓦级以上,必须设法控制激光器,使分布在数百个小尖峰序列脉冲中辐射出来的能量集中在时间宽度极短的一个脉冲内释放,而在连续激光中,则想办法使得其变为脉冲激光输出,提高峰值功率。这样方法在激光器中称为调 Q 技术。

2. 谐振腔的品质因素 Q

在激光技术中,品质因素 Q 用来描述谐振腔的质量,定义为

$$Q = 2\pi\nu_0 \times (腔内存储的激光能量) / 每秒损耗的激光能量$$

品质因素 Q 值愈高,激光振荡愈容易;反之,品质因素 Q 值愈低,激光振荡愈困难。

若在光泵浦开始时,我们设法使谐振腔的损耗增加,即提高振荡阈值,降低腔内 Q 值,使谐振腔内损耗增大,使振荡不能形成,上能级的反转粒子数密度便有可能大量积累。当激光上能级粒子数达到最大值(饱和值)时,设法突然使腔的损耗变小,Q 值突增,这时激光振荡迅速建立,在短时间内反转粒子数大量被消耗,转变为腔内的光能量,则在输出端可得到一个极强的激光脉冲。脉冲宽度通常在 $10^{-6} \sim 10^{-9}$ s 数量级,脉冲峰值功率达 $10^6 \sim 10^9$ W 以上。在此过程中,只要精确控制释放时间,弛豫振荡一般是来不及发生的。

调 Q 激光器依靠能量的贮存及快速释放来获得激光巨脉冲,有人做了一个形象的比喻:Q 开关为一个稍有漏水(自发辐射跃迁)的抽水马桶,当水箱被灌(光泵注入能量)满之后水箱底部的盖快速揭开(Q 值突变),水(激光能量)就一涌而出(激光峰值功率输出)。

调 Q 技术又称 Q 突变技术或 Q 开关技术。

根据贮能方式不同,激光器贮能可以分工作物质贮能方式和谐振腔贮能方式两种。

工作物质贮能调 Q 使能量以激活离子的形式贮存于工作物质中,当工作物质高能态上激活离子积累到最大值时,使之快速辐射到谐振腔中,同时在腔外获得一强激光脉冲。

单程损耗率 γ 与谐振腔 Q 值成反比,欲使 Q 值由低到高阶跃变化,只要控制 γ 从高到低产生阶跃变化即可。

图 1-111 表示脉冲泵浦调 Q 激光器产生激光巨脉冲的过程。图中,W_p 表示泵浦速率,N 表示粒子反转数;N_i 表示 Q 值阶跃时的粒子反转数(初始粒子反转数);N_t 为阈值粒子反转数;N_f 为振荡终止时,工作物质残留的粒子反转数;ϕ 为激光光子数密度。由图可知,激光巨脉冲的峰值应该出现在工作物质的粒子反转数恰等于谐振腔的阈值粒子反转数的时刻。

图 1-112 表示了连续泵浦条件下获得高重频巨脉冲输出的调 Q 过程,如声光调 Q 过程。

3. 常用调 Q 方法

激光器要满足振荡条件才有激光输出。

工作物质受到泵浦后,受激辐射跃迁过程增加了光功率,但与此同时,也存在减少光功率的因素。比如,从谐振腔一端反射镜透射、由于衍射效应而逸出谐振腔的、还有因为工作物质内存在或多或少的光学散射颗粒而引起散射损失、工作物质内杂质原子吸收掉,等等。

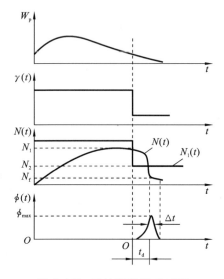

图 1-111 脉冲泵浦调 Q 过程

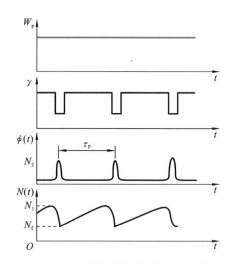

图 1-112 连续泵浦高重复率调 Q 过程

显然,只有当由受激辐射跃迁产生的光功率超过在振腔内损失掉的量,或者说,光辐射的增益超过它的损耗因子,腔内的受激辐射光强度才会越来越强,最后形成激光振荡。谐振腔的损耗

$$\delta = \delta_1 + \delta_2 + \delta_3 + \delta_4 + \delta_5$$

式中:δ_1 为反射损耗;δ_2 为吸收损耗;δ_3 为衍射损耗;δ_4 为散射损耗;δ_5 为输出损耗。

控制腔的损耗就能达到控制谐振腔的 Q 值。图 1-113 所示的是几种调 Q 方法的原理示意图。控制反射损耗 δ_1 的有转镜调 Q 和电光调 Q 技术;控制吸收损耗 δ_2 的有可饱和染料调 Q 技术;控制衍射损耗 δ_3 的有声光调 Q 技术;控制输出损耗 δ_5 的有透射式调 Q 技术、破坏全

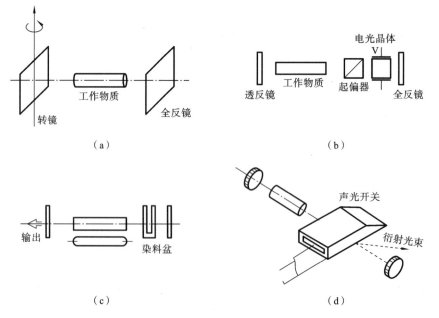

图 1-113 几种常用调 Q 技术原理图

内反射调 Q 技术等。

谐振腔贮能调 Q 使能量以光子的形式贮存在谐振腔中,当腔内光子积累得足够多时,使之快速释放到腔外,获得强激光脉冲。

由图 1-111 可知,谐振腔的 Q 值实现阶跃变化时,腔内才开始有微弱的激光振荡,经历时间 t_d 后,激光的强度才达到峰值。对于典型的阶跃变化调 Q 激光器,形成激光脉冲需要一定的时间,巨脉冲的宽度 $\Delta\tau_p$ 一般达 10～20 ns。由于此种调 Q 激光器是一面形成激光巨脉冲,一面从部分反射镜端输出,因此所得输出脉冲的形状与腔内光强增减变化状况一样。另外,由于存在 N_f,工作物质中有一部分能量未能被取出,影响了激光器的效率。

谐振腔贮能调 Q 可以很好地解决上述弊病。如图 1-114 所示,把腔内的部分反射镜改为可控的全反射镜,便可达到谐振腔贮能调 Q 目的。

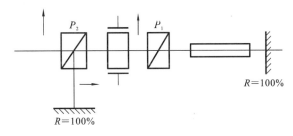

图 1-114 谐振腔贮能调 Q 原理

在光泵泵浦、工作物质贮能阶段,电光晶体上不加电压,它就不改变入射光的偏振方向,工作物质的自发辐射由起偏器 P_1 起偏后,将能顺利通过检偏器 P_2,此时相当于反射镜的反射率为零,谐振腔的 Q 值处于极低的状态。当工作物质贮能达到最大值时,电光晶体上加上半波电压,检偏器 P_2 把入射光反射向全反射镜 R,由于谐振腔的两反射镜均为全反射而使腔的阈值降得极低,腔内迅速形成激光振荡。由于激光在腔内来回振荡的寿命 t_c 很长,谐振腔的 Q 值很高。待工作物质中的贮能已转化为谐振腔内的光能时,迅速撤去晶体上的电压,可控反射镜可恢复为反射率等于零的状态。若近似地认为 Q 值是阶跃变化的,则光子在腔内充其量"走"一个来回便逸出腔体,因而输出激光的脉冲持续时间仅为 $\Delta\tau_p=2nL/c$。若腔长 $L=150$ cm,介质折射率 $n=1$,则 $\Delta\tau_p$ 可降为 1 ns。显然,采用谐振腔贮能调 Q 将更有利于压窄激光脉冲宽度,提高巨脉冲的峰值功率。

4. 声光调 Q 系统与器件

1) 声光调 Q 原理

声光 Q 开关的工作原理是激光通过声光介质中的超声场时将产生布拉格衍射,使光束偏离谐振腔,导致损耗增大,Q 值下降。当撤出超声场时,Q 值即刻猛增,此时可获得巨脉冲输出。

由于声光 Q 开关所需的调制电压很低(小于 200 V),故容易实现对连续激光器调 Q 以获得高重复率的巨脉冲。一般重复频率可达 1～20 kHz。通常声光 Q 开关都需要开断较高的连续激光功率,故多采用衍射效率较高的布拉格衍射方式。

由于 Q 开关器件的插入损耗,激光器的平均输出功率有所下降,但峰值功率大大提高,

一般在调 Q 脉冲重复率小于 5 kHz 时,输出峰值功率约为激光器连续输出功率的 500～1000 倍,许多中小功率连续固体激光器在进行激光加工过程中无法完成的工作,在采用 Q 开关技术后就可以迎刃而解了。

　　2) 声光 Q 开关器件结构

　　如图 1-115 所示,典型的声光 Q 开关主要由三部分组成:电声转换器、声光介质和吸声材料。电声转换器与声光介质如熔石英、钼酸铅(PbMO$_4$)晶体等构成声光器件。电声转换器加电后,将超声波馈入声光材料,超声波是疏密波,声光材料的折射率发生周期变化,对相对声波方向以某一角度传播的光波来说,相当于一个相位光栅。于是,在超声场中光波发生衍射,改变传播方向,这就是声光衍射效应。

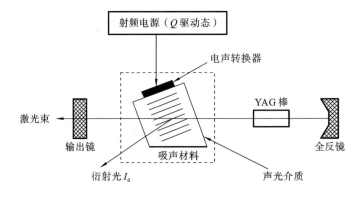

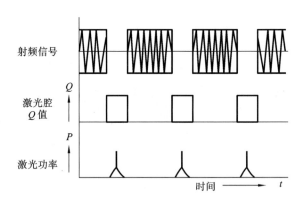

图 1-115　声光调 Q 原理

　　如果衍射光占的百分比足够大,则可能使光腔的总损耗大于信号增益,此时,振荡停止,在光泵激励下激光工作物质(YAG 棒)其上能级反转粒子数不断积累并达到饱和值,若这时突然撤除超声场,入射光衍射效应立即消失,激光振荡迅速恢复,其能量以巨脉冲形式输出。所以,Q 开关是一种用于提高激光脉冲功率的器件。

　　如图 1-116、图 1-117 所示,如果用一定频率的脉冲调制器调制射频发生器,使声光介质中有相同重复频率的射频超声场时,就能获得重复频率工作的声光 Q 开关,激光器将以重复频率状态输出激光巨脉冲。实现上述构想的器件就是声光 Q 开关驱动电源。

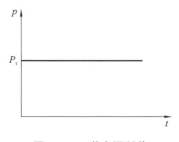

图 1-116 激光调制前

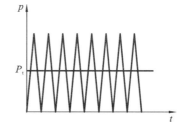

图 1-117 激光调制后

声光 Q 开关器件和声光 Q 开关驱动电源组成了完整的声光 Q 开关系统,如图 1-118 所示。

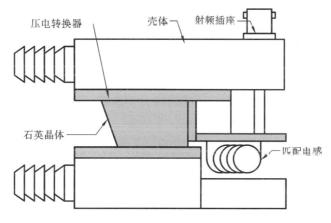

图 1-118 声光 Q 开关器件结构图

国内生产的声光 Q 开关多采用布拉格衍射原理,工作频率为 40 MHz。

国外生产的器件多采用喇曼-奈斯衍射原理,工作频率为 27 MHz 和 24 MHz,用于灯泵浦和二极管泵浦的 1064 nm 的 Nd:YAG 激光器中。

声光 Q 开关驱动电源的原理和作用我们将在激光电源一章做详细介绍。

3)声光 Q 开关外观形状和内部结构

(1)声光 Q 开关外观形状。

声光 Q 开关外观形状有单头和双头之分,如图 1-119 所示。

对于小于 100 W 的中小功率激光束,一般使用单头 Q 开关。

对于小于 250 W 的高功率激光束,一般使用双头 Q 开关。

双头 Q 开关要使用与之对应的双路 Q 开关电源(Q 驱动器),由一个电源输出两路射频去驱动双头 Q 开关。

也可以使用两个 C 模式 Q 开关相互正交地放在激光谐振腔中。由第一个 Q 开关关断一个方向的光,第二个 Q 开关关断另一个方向的光,但缺点是两个 Q 开关放在谐振腔中需要更大的位置空间。

(2)声光 Q 开关内部实物结构如图 1-118 所示。

采用布拉格衍射原理的声光 Q 开关器件,工作频率为 40 MHz 和 68 MHz。

（a）单头 Q 开关 　　　　　　　（b）双头 Q 开关

图 1-119　声光 Q 开关器件实物外部形状

采用喇曼—奈斯衍射原理的声光 Q 开关器件，工作频率为 27 MHz 和 24 MHz。

5. 声光 Q 开关的型号说明和参数选择

选择声光 Q 开关时，要严格注意 Q 开关的每一个参数，确保 Q 开关与激光器匹配并保持最佳性能。

图 1-120　Q 开关的型号说明

1）Q 开关的型号说明

Q 开关型号由六部分组成，如图 1-120 所示，图中每一部分定义如下：

QS——是 Q-switch 的缩写，指声光 Q 开关。

27——指声光驱动射频频率，单位是 MHz。

4——指通光口径，通常是 1.6 mm、2 mm、3 mm、4 mm、5 mm、6.5 mm 或 8 mm。

S——指超声波模式，一般有三种，即 C 模式、S 模式、D 模式。

B——指水接头形式，一般有三种，即 S 型接头、B 型接头和 R 型接头。

XXn——为厂家特殊定义的符号。如 AT1 是底面安装孔为公制螺纹，未指明则是英制螺纹。

2）Q 开关的参数选择

（1）声光驱动频率选择。

更高的射频频率具有更大的声光偏转角，具有更强的关断能力。

24 MHz 和 27 MHz 一般适用于激光功率 30 W～100 W 的 YAG 激光器中的声光 Q 开关的频率。在更短谐振腔 YAG 激光器中，应使用更高的射频频率，例如 41 MHz 和 68 MHz。

（2）通光口径选择。

① 通光口径是 Q 开关运行时超声束的有效垂直高度（以毫米为单位），只有通过这个范围的激光束才能被调制。选择通光口径应注意满足最佳调制效率的要求。

② 最佳调制效率定义为在最小射频功率下达到最大调制损耗。

③ 为达到最佳调制效率，尽量选取通光口径与光束直径相接近，但为了调整方便，通光口径应该比激光束稍微大一点，如图 1-121 所示。

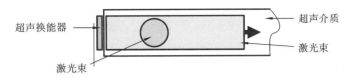

图 1-121 合适的通光口径示意图

例如,如果激光束直径是 1.7 mm,则选通光口径 2 mm 的 Q 开关是适合的。(2 mm 的通光口径比激光束直径略大一点)。

④ 如果通光口径与激光束一样大,将增加 Q 器件的调整难度,如图 1-122 所示。

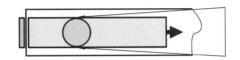

图 1-122 通光口径等于激光束直径示意图

⑤ 如果激光束大于通光口径,则大于部分的激光束不能被调制,即会出现漏光,如图 1-123所示。

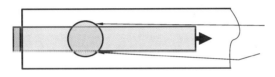

图 1-123 漏光示意图

⑥ 如果通光口径过大,由于没有激光束通过部分的超声能量被浪费,将使 Q 开关器件的调制效率降低,如图 1-124 所示。

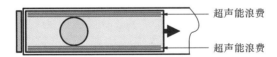

图 1-124 通光口径过大示意图

激光束直径是以 $1/e$ 来定义的直径。

(3)超声模式选择。

① 声光 Q 开关超声模式:在声光器件中主要有三种不同的声波结构。

● 剪应变波(shear,称 S 模式或剪应模式):它在所有方向上都有一样的调制,因此它主要用在非偏振光激光器中,在型号定义中用字母 S 来表示。

● 压缩波(compressional,称 C 模式或压缩模式):当激光束是垂直于 Q 开关底部的线偏振光时,压缩波呈现比剪应变波更高的效率,因此它主要用于偏振光激光器中,所需的射频功率也比剪应变波的小,在型号定义中用字母 C 来表示。

● 正交压缩波(two-orthognal compressional,称 D 模式或正交模式):在高功率非偏振光激光器中,这种结构有更高的调制能力,在型号定义中用字母 D 来表示。

② 超声模式选择:

● 尽管压缩波不是在所有方向上有相同的调制能力,但也有很多用户将压缩波 Q 开关用于非偏振光激光器中,并取得了很好的效果。因此它与具体的激光器结构有很大的关系,用户在不能确定使用哪种超声波模式的时候可以试用来确定效果。

● 石英晶体仅应用于压缩波(即 C 型)的 Q 开关中,它不应用于 S 和 D 型 Q 开关中,它的最佳光学偏振垂直于超声传播方向,它们在非偏振系统中也有一些其他用途。

(4) 水冷方式及水嘴类型。

当注入射频功率较大时,热传导不能有效地带走多余的热量,这时就需要水冷。冷却水是通过水嘴提供的。

水嘴有三种接头形式,如图 1-125 所示。B 型水接头(barbed push-on):水管直接套在接头上,需用喉箍等紧固。R 型水接头(right-angle):90°弯头。S 型水接头(screw-on,swagelok):螺纹式水管紧固。

（a）

（b）

（c）

图 1-125　水嘴类型示意图

(5) Q 开关的型号命名实例。

① QS24-5C-S:

声光 Q 开关;24 MHz 射频频率;

通光直径 5 mm,用于激光束直径 3~5 mm;

超声模式是压缩式(C 模式),主要用于线偏振光激光器中;

水嘴是 S 型水接头;底面安装孔是英制螺钉孔。

② QS27-4S-B-AT1:

声光 Q 开关;27 MHz 射频频率;

通光直径 4 mm,用于激光束直径 3~4 mm;

超声模式是剪应式(S 模式),主要用于非偏振光激光器中;

水嘴是 B 型水接头;底面安装孔是公制螺钉孔。

③ QS68-2.5C-B-GH9:

声光 Q 开关;68 MHz 射频频率;

通光直径 2.5 mm,用于激光束直径 2 mm 左右;

超声模式是压缩式(C 模式),主要用于线偏振光激光器中;

水嘴是 B 型水接头;GH9 是二极管泵浦固体激光器用的小型 Q 开关。

制定工作计划

调 Q 模块装调任务的工作计划如表 1-23 所示。

表 1-23　工作计划表

序号	工 作 内 容		备　注
1	判断全反射镜片和部分反射镜片		装调前器件检验
2	判断全反射镜片和部分反射镜片的镀膜面和非镀膜面		装调前器件检验
3	清洗全反射镜片和部分反射镜片		装调前器件检验
4	安装与调整反射镜片		装调前器件检验
5	调整指示红光光轴水平穿过红光基准片		实施装调
6	调整 YAG 晶体几何轴线与指示红光光轴同轴		实施装调
7	安装部分反射镜,调整部分反射镜片与指示红光光轴同轴		实施装调
8	安装全反射镜,调整全反射镜片与指示红光光轴同轴		实施装调
9	接通电源,电流调至合适值,调试出激光		通电测试
10	观察调整获得理想激光光斑		激光光斑质量测试
11	激光功率及光束质量测试		激光光斑质量测试
12	调 Q 模块装调	(1) 装 Q 开关	调 Q 模块装调
		(2) 调试 Q 开关	调 Q 模块装调
		(3) 漏光检查	调 Q 模块装调

备注:步骤 1～11 已完成。

 任务实施

实施固体激光器调 Q 模块装调任务,完成工作记录表 1-24。

表 1-24　工作记录表

工 作 任 务	工 作 内 容	工 作 记 录	
(一) 认识声光 Q 开关	声光 Q 开关的部件及其作用	电声转换器	
		声光介质	
		吸声材料	
	声光 Q 开关种类		
	Q 开关型号	(1) QS24-5C-S	
		(2) QS27-4S-B-AT1	
		(3) QS68-2.5C-B-GH9	

续表

工 作 任 务	工 作 内 容	工 作 记 录
（二）调 Q 模块装调	装调要求	
	装调步骤	
	任务检测与评估	

工作后思考

（1）哪些情况可能导致激光光斑不显现？

（2）如何调整 Q 开关？

（3）如何提高 Q 开关的安装质量？

（4）如何判断调 Q 模块装调后的正确性？

工作检验与评估

固体激光器调 Q 模块装调质量考核标准及评分表，见表 1-25。

表 1-25　工作检验与评分表

考核环节	考核内容和要求	配分	扣分记录及备注	得分
职业素养	（1）完成课前预习，清楚工作任务和操作流程（2分）； （2）遵守实训室管理规定和劳动纪律（2分）； （3）工服穿戴规范（2分）； （4）爱护实训设备（2分）； （5）注重现场清洁（2分）	10		
	（1）安全意识：工作中无出现违反安全防护的情况（4分）； （2）成本意识：所有元器件完好无损（3分）； （3）团队合作意识：小组分工，团队协作（3分）	10		

考核环节	考核内容和要求	配分	扣分记录及备注	得分
工作过程	全反射镜片和部分反射镜片的判断： (1) 结果正确,操作规范(5分)； (2) 结果正确,操作不规范(3分)； (3) 无结果(0分)	5		
	全反射镜片和部分反射镜片镀膜面的判断： (1) 结果正确,操作规范(5分)； (2) 结果正确,操作不规范(3分)； (3) 无结果(0分)	5		
	全反射镜片和部分反射镜片的清洗： (1) 结果正确,操作规范(5分)； (2) 结果正确,操作不规范(3分)； (3) 无结果(0分)	5		
	全反射镜片和部分反射镜片的安装与初步调整： (1) 结果正确,操作规范(5分)； (2) 结果正确,操作不规范(3分)； (3) 无结果(0分)	5		
	基准光源装调： (1) 结果正确,操作规范(5分)； (2) 结果正确,操作不规范(3分)； (3) 无结果(0分)	5		
	聚光腔装调： (1) 结果正确,操作规范(10分)； (2) 结果正确,操作不规范(6分)； (3) 无结果(0分)	10		
	部分反射镜装调： (1) 结果正确,操作规范(5分)； (2) 结果正确,操作不规范(3分)； (3) 无结果(0分)	5		
	全反射镜装调： (1) 结果正确,操作规范(5分)； (2) 结果正确,操作不规范(3分)； (3) 无结果(0分)	5		

考核环节	考核内容和要求	配分	扣分记录及备注	得分
工作结果	通电测试： (1) 通电源,一次成功,操作规范(10分); (2) 通电源,一次成功,操作不规范(6分); (3) 不成功(0分)	10		
	调整获得理想光斑： (1) 结果正确,操作规范(5分); (2) 结果正确,操作不规范(3分); (3) 无结果(0分)	5		
	激光功率测试： (1) 结果正确,操作规范(5分); (2) 结果正确,操作不规范(3分); (3) 无结果(0分)	5		
	调 Q 模块装调： (1) 结果正确,操作规范(5分); (2) 结果正确,操作不规范(3分); (3) 无结果(0分)	5		
检测与评估	小组汇报：(汇报要点包括工作结果、工作实施过程中遇到的问题和解决方案) (1) 结果正确,总结内容完整清晰(10分); (2) 结果正确,总结内容部分完整(8分); (3) 结果不正确,总结内容完整(6分); (4) 结果不正确,总结内容部分完整(4分); (5) 无汇报(0分)	10		
合计		100		

备注：
(1) 在工作中,要懂得激光及用电安全防护,如出现严重违章操作,应立即终止操作,总成绩为 0 分。
(2) 工作过程如出现弄虚作假的情况,总成绩为 0 分。
(3) 工作结果如出现弄虚作假的情况,总成绩为 0 分。
(4) 工作过程中因个人操作不当造成元器件破损,原价赔偿

知识拓展

电光调 Q 系统与器件

1. 电光调 Q 原理

电光调 Q 原理是利用某些单轴晶体的线性电光效应,使通过晶体的光束的偏振状态发生改变,从而达到接通或切断腔内振荡光路的开关作用,实现 Q 突变,通常也称为普克尔盒开关。

YAG 晶体在氙灯的光泵下发射自然光,在激光谐振腔内加置一块偏振片和一块 KD*P 晶体。通过偏振片后,变成沿 x 方向的线偏振光,若调制晶体上未加电压,光沿光轴通过晶体,其偏振状态不发生变化,经全反射镜反射后,再次(无变化的)通过调制晶体和偏振棱镜,电光 Q 开关处于"打开"状态。如果在 KD*P 晶体上外加 $\lambda/4$ 电压,由于泡克尔斯效应,使往返通过晶体的线偏振光的振动方向改变 $\pi/2$。当沿 x 方向的线偏振光通过晶体后,经全反镜反射回来,再次经过调制晶体,偏振面相对于入射光偏转了 $90°$,偏振光不能再通过偏振棱镜,Q 开关处于"关闭"状态。

由于外界激励作用,上能级粒子数便迅速增加。当晶体上的电压突然除去时,光束可自由通过谐振腔,此时谐振腔处于高 Q 值状态,从而输出一个巨脉冲。

电光调 Q 的速率快,可以在 10^{-8} s 时间内完成一次开关作用,使激光的峰值功率达到千兆瓦量级。

如果原来谐振腔内的激光已经是线偏振光,在装置电光调 Q 措施时不必放置偏振片。

2. 电光调 Q 器件

线性电光开关可分为两类:

一类是利用 KD*P(磷酸二氢钾)型晶体的纵向线性电光效应,即光束方向及外加电场方向均与晶体光轴同向;

另一类是利用 $LiNbO_3$(铌酸锂)型晶体的横向线性电光效应,即光束与晶体光轴同向,而外加电场方向与光轴及光束方向垂直。

利用晶体的电光效应制成的 Q 开关,其开关速度快,所能获得的激光巨脉冲宽度窄,器件的效率高,产生激光的时刻可加以精确控制,有利于与其他联动仪器的精确同步。电光调 Q 装置还有着破坏阈值高、重复频率高以及系统工作较稳定等突出优点。但是,电光调 Q 装置由外加信号控制,难以实现与激光增益变化的匹配。另外。电光晶体需要几千伏的高压脉冲,对其他电子线路易造成干扰。

项 目 考 核

"项目一　固体激光器装调"考核标准与评分表见表1-26。

表1-26　"项目一　固体激光器装调"考核标准与评分表

考核环节	考核内容和要求	配分	扣分记录及备注	得分
职业素养	(1) 遵守实训室管理规定和劳动纪律; (2) 工服穿戴规范; (3) 注重现场清洁,完成清理; (4) 爱护实训设备,所有元器件完好无损; (5) 工作中无出现违反安全防护的情况。 违反1~3项,每项扣5分;违反4~5项,每项扣10分;分数扣完为止	10		
工作过程	全反射镜片和部分反射镜片的判断: (1) 结果正确,操作规范(5分); (2) 结果正确,操作不规范(3分); (3) 无结果(0分)	5		
	全反射镜片和部分反射镜片镀膜面的判断: (1) 结果正确,操作规范(5分); (2) 结果正确,操作不规范(3分); (3) 无结果(0分)	5		
	全反射镜片和部分反射镜片的安装与初步调整: (1) 结果正确,操作规范(5分); (2) 结果正确,操作不规范(3分); (3) 无结果(0分)	5		
	光学镜片的防护与清洗: (1) 结果正确,操作规范(5分); (2) 结果正确,操作不规范(3分); (3) 无结果(0分)	5		
	基准光源选择、装调及点燃: (1) 结果正确,操作规范(5分); (2) 结果正确,操作不规范(3分); (3) 无结果(0分)	5		

续表

考核环节	考核内容和要求	配分	扣分记录及备注	得分
工作过程	泵浦光源装调： (1) 泵浦灯极性判断正确(5分)，错误(0分)； (2) 泵浦灯电源线连接正确(5分)，错误(0分)	10		
	YAG 棒两端面调试： (1) 一次调整好棒的偏向位置(10分)； (2) 二次调整好棒的偏向位置(8分)； (3) 三次调整好棒的偏向位置(5分)； (4) 四次以上为 0 分	10		
	谐振腔全反射镜装调： (1) 结果正确，操作规范(5分)； (2) 结果正确，操作不规范(3分)； (3) 无结果(0分)	5		
	谐振腔出射窗口装调： (1) 结果正确，操作规范(5分)； (2) 结果正确，操作不规范(3分)； (3) 无结果(0分)	5		
工作结果	谐振腔光学系统联调，通电测试，调整获得理想光斑： (1) 会开启激光电源，置激光加工机于手动状态，一次调出圆形激光光斑(15分)； (2) 会开启激光电源，置激光加工机于手动状态，二次调出圆形激光光斑(10分)； (3) 会开启激光电源，置激光加工机于手动状态，三次调出圆形激光光斑(5分)； (4) 不能调出圆形光斑(0分)；	15		
	激光功率测试： (1) 结果正确，操作规范(5分)； (2) 结果正确，操作不规范(3分)； (3) 无结果(0分)	5		
	调 Q 模块装调： (1) 结果正确，操作规范(5分)； (2) 结果正确，操作不规范(3分)； (3) 无结果(0分)	5		

考核环节	考核内容和要求	配分	扣分记录及备注	得分
检测与评估	项目实施过程总结： （1）结果正确，总结内容完整清晰（10 分）； （2）结果正确，总结内容部分完整（8 分）； （3）结果不正确，总结内容完整（6 分）； （4）结果不正确，总结内容部分完整（4 分）； （5）无汇报（0 分）	10		
合计		100		

备注：

（1）在工作中，要懂得激光及用电安全防护，如出现严重违章操作，应立即终止操作，总成绩扣 50 分；

（2）工作过程如出现弄虚作假的情况，总成绩扣 50 分；

（3）工作结果如出现弄虚作假的情况，总成绩扣 50 分；

（4）职业素养中的考核内容出现不及格，除扣除配分外，要求必须改正

项目 2

光路传输系统装调

项目描述

    图 2-1 和图 2-2 所示的分别是连续型固体激光打标机和脉冲型固体激光焊接机的光路系统示意图,从输出镜输出的激光经过光路传输系统作用于工件上。

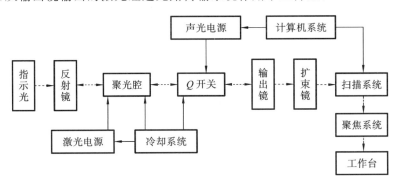

图 2-1　连续型固体激光打标机光路系统

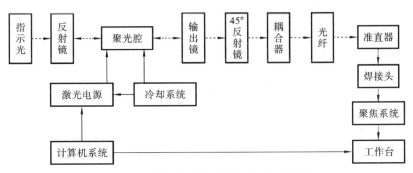

图 2-2　脉冲型固体激光焊接机光路系统

项 目 目 标

【知识目标】

（1）掌握光路传输系统的组成及其特性；

（2）掌握光路传输系统各组成器件的结构及特性；

（3）掌握光路传输系统各组成器件的装调方法。

【能力目标】

（1）会扩束镜的装调；

（2）会振镜系统的装调；

（3）会聚焦物镜的装调；

（4）会光路传输系统各组成器件的维护和保养。

【职业素养】

（1）安全意识；

（2）质量意识；

（3）成本意识；

（4）团队协作意识；

（5）严格遵守劳动纪律；

（6）认真、负责、踏实的工作态度；

（7）遵守设备操作安全规范，爱护实训设备；

（8）分析总结问题，撰写项目报告。

项 目 准 备

1. 资源要求

（1）激光机光路系统装调实训室一间：场地环境与企业基本相同，配备有满足容量要求的电源排插，有适当的环境温度、湿度、有排烟装置，可容纳至少十个工位、40 位学生，为方便教学，在实训车间附近（或内部）配一个多媒体教室（或设备）。

（2）光路传输系统组件十套（4 人/组）。

（3）多媒体教学设备一套。

2. 材料工具准备

（1）扩束镜、振镜系统、聚焦物镜及其相应的配件。

（2）吹气球、乙醇、玻璃滴瓶、光学棉签、擦镜纸、指套及其相应的配件。

（3）内六角扳手、螺钉旋具组套、游标卡尺、防护眼镜、倍频片、相纸、功率计、能量计、显微镜和储物盒等工具，及其相应的配件。

3. 相关资料

（1）激光加工设备操作手册。

（2）激光设备光路系统装调使用说明书。

任务 1　光路传输系统扩束镜装调及扩束能力测定

接受工作任务

【任务目标】

光路传输系统扩束镜装调及扩束能力测定

【任务要求】

（1）完成固体激光器系统装调，正确出激光；

（2）完成光路传输系统扩束镜装调；

（3）测量扩束镜的扩束能力。

信息收集与分析

1. 扩束镜概述

从前面的理论知识可知，离开原点的高斯光束发散角是一个变化的数值，光束束腰半径越小，其发散角越大。

在导光及聚焦系统传递中，如果激光距离较远，光斑将很快扩大到其他器件不能正常工作的状态，因此，激光器需要得到发散角较小的激光光束。通过在导光及聚焦系统中的某一段增大光斑半径得到发散角较小的激光光束，再传递到其他器件上，最终得到较小的光斑，发挥该作用的器件称为扩束镜。

扩束镜是能够改变激光光束直径尺寸和发散角度的镜头组件。从激光器射出的激光往往具有一定的发散角，对于激光加工来说，只有通过扩束镜的调节使激光光束变为准直（平行）光束，才能利用聚焦镜获得细小、功率密度高的光斑；扩束镜配合空间滤光片使用则可以使非对称光束分布变为对称分布，并使光能量分布更加均匀。

一般而言，扩束镜是安装在导光和聚焦系统中最前面的一个器件。例如打标机、内雕机使用到的光路系统如图 2-3、图 2-4 所示。

2. 激光扩束镜工作原理

激光扩束镜是将激光束横截面扩大的光学镜片组。

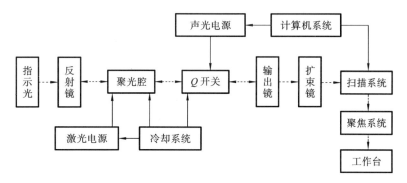

图 2-3   打标机的光路系统

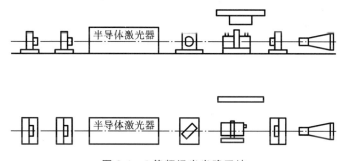

图 2-4   2 倍频绿光光路系统

1）伽利略式扩束系统

伽利略式扩束系统是由正透镜和负透镜组成的光学系统。其原理以及光路如图 2-5 所示，该系统无实像产生，形成放大的虚像。

2）开普勒式扩束系统

开普勒式扩束系统是由焦距较长的正透镜和焦距较短的正透镜所组成的光学系统。其原理以及光路如图 2-6 所示，在两正透镜之间会形成倒立实像。

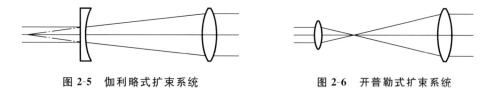

图 2-5   伽利略式扩束系统   图 2-6   开普勒式扩束系统

大多数激光设备的扩束镜都是伽利略式的。它有以下两个优点：

（1）伽利略式扩束镜不包含内部的聚焦点，可延长器件寿命。

（2）同扩束能力相同的开普勒式扩束镜相比，尺寸更短。

3. 扩束镜的扩束能力

扩束镜的光束扩束能力（MP）等同于后镜的有效焦距（F_2）和前镜的有效焦距（F_1）的比率。前镜和后镜的距离等于它们后焦距之和。

（1）开普勒式扩束镜的扩束能力，输入、输出光束分支和透镜间距的关系式如下：

$$MP = \frac{F_2}{F_1}, \quad D_o = (MP)D_i, \quad \theta_o = \frac{\theta_i}{MP}$$

图 2-7 所示的是开普勒式扩束镜的扩束能力,输入、输出光束分支和透镜间距的关系。

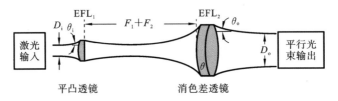

图 2-7 开普勒式扩束镜

(2) 伽利略式扩束镜的扩束能力,输入、输出光束分支和透镜间距的关系式如下:

$$MP = \frac{F_2}{|F_1|}, \quad D_o = (MP)D_i, \quad \theta_o = \frac{\theta_i}{MP}$$

图 2-8 所示的是伽利略式扩束镜的扩束能力,输入、输出光束分支和透镜间距的关系。

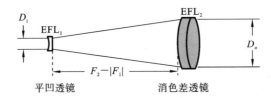

图 2-8 伽利略式扩束镜

4. 扩束镜型号命名规则

扩束镜型号命名规则:BEST-xxxx-yy-Z-M-T-AA

BSET——BEST 系列扩束镜。

xxxx——激光波长,1064 为 1064 nm 波长,532 为 532 nm 波长,633 为 633 nm 波长,10.6 为 10.6 μm 波长。

yy——扩束镜倍数。

Z——镜片材料,Z 为硒化锌(ZnSe);G 为砷化镓(GaAs)。

M——扩束镜连接方式:M 为螺纹连接;无 M 为圆柱直筒连接。

T——T 为可调型扩束镜;无 T 为固定型扩束镜。

AA——特殊要求,内部记录用途。

例如:BEST-10.6-3GM,说明如下。

10.6 μm 二氧化碳激光波长,3 倍扩束镜,砷化镓材料,螺纹连接,固定型。

BEST-10.6-3.5Z,说明如下。

10.6 μm 二氧化碳激光波长,3.5 倍扩束镜,硒化锌材料,圆柱直筒连接,固定型。

5. 扩束镜的主要参数

(1) 激光扩束倍数,一般为 1.5~10 倍。

(2) 可改善激光束的准直度数,一般看发散角的毫弧度。

（3）可适用功率。

（4）波长。

6. 常用扩束镜结构种类

1）可调型扩束镜

可调型扩束镜专为具有较大的发散角度的激光扩束所设计。通过调整扩束镜片间距离，在一定范围内可以消除发散角度的影响，从而获得经扩束的准直性良好的激光光束。

CO_2 激光可调型扩束镜筒结构示意图如图 2-9 所示，它由外筒、内筒和顶丝组成。

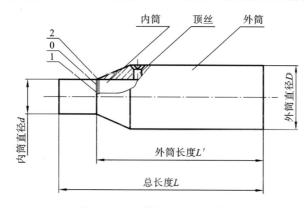

图 2-9　CO_2 激光可调型扩束镜

2）固定型扩束镜

固定型扩束镜是为激光光束准直性好且无需调整光束发散（收敛）角度的情况而设计的，其特点是结构简单、使用方便，适应较小发散角的激光光束，如 YAG 激光光束。

YAG 激光扩束镜一般由 3 个镜片组成，如图 2-10 所示。

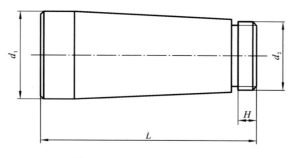

图 2-10　YAG 固定型扩束镜

7. 扩束镜安装与调试

1）扩束镜安装

扩束镜安装对激光加工效果影响很大，安装不好会造成：

（1）激光功率下降；

（2）激光强度不均匀；

（3）后续器件（如振镜）出光偏离中心。

2）扩束镜的装调要求

扩束镜的装调要求为：入射光要在扩束镜进光孔中心，出射光要在出光孔中心。

 ## 制定工作计划

扩束镜装调任务的工作计划如表 2-1 所示。

表 2-1　工作计划表

步骤	工作内容	备注
1	完成固体激光器装调，正确出激光	完成项目一的相关内容 （已完成）
2	完成光路传输系统扩束镜装调	项目二：光路传输系统
3	测量扩束镜的扩束能力	

 ## 工作前准备

（1）根据课文内容填写导光及聚焦系统知识。

① 导光及聚焦系统类型。

② 光路静止型扫描方式特点。

③ 光路运动型扫描方式特点。

④ 常见设备的导光及聚焦系统部件构成。

（2）请绘制激光光束通过扩束镜光路变换示意图。

 ## 任务实施

实施光路传输系统扩束镜装调及扩束能力测定，完成工作记录表 2-2。

表 2-2　工作记录表

工作任务	工作内容		工作记录
1. 认识 扩束镜	（1）开普勒式 扩束镜系统	组成	
		导光的光路示意图	
		成像特征	

续表

工 作 任 务	工 作 内 容		工 作 记 录
1. 认识 扩束镜	(2) 伽利略式 扩束镜系统	组成	
		导光的光路示意图	
		成像特征	
	(3) 大多数激光设备采用哪种类型的扩束 镜？为什么？		
2. 扩束镜 装调	扩束镜装调质量对激光加工效果的影响		
	扩束镜装调要求		
3. 扩束镜扩 束能力测定	扩束前光斑直径 a_1（mm）		数值计算及分析：
	扩束后光斑直径 a_2（mm）		
	扩束镜扩束倍数 a_2/a_1		

 知识拓展

导光及聚焦系统类型概述

1. 导光及聚焦系统类型

从扫描方式来分，激光设备导光及聚焦系统可以分为光路静止和光路运动两种类型。

2. 光路静止型特点

光路静止就是工件由工作台带动工件来进行激光束扫描刻画。

这种方式加工的速度相当缓慢，特别是当工件体积庞大，重量较重时，因而多用于某些不要求加工速度和标刻、切割多用途的设备中。其优点是激光加工点的大小均匀，如果排除激光器能量波动等因素，这种运动方式加工出来的点的能量在平面内各处是一致的。

3. 光路运动型特点

光路运动型是目前市场应用上最流行的扫描方式，其特点是速度较快、灵活。其中又可以划分为 X-Y 扫描式和振镜扫描式两种。

X-Y 扫描方式跟十字绘图仪的原理相同，利用 X-Y 轴的电动机实现光束系统在平面上运动。其特点是速度相对较慢，但是加工范围较大（跟 X-Y 扫描架的运动幅面有关）。

振镜扫描方式的特点是速度快,特别适用于对工效要求较高的场合。该种扫描方式配合 F-Theta 场镜使用,是目前市场占有率最高的激光加工设备;缺点是可加工幅面相对较小。

光路运动型有一个致命的弱点,就是平面内各点的大小不一(当然可以采用一定的手段来进行改善,但是成本相对较高)。X-Y 扫描方式,在离激光器近的地方刻的点要比离激光器远的地方的点要大;振镜扫描方式则是在标记范围的中心要比边缘小,因此需要使用各类光学器件进行修正。

激光束的传播特性及其对加工质量的影响

1. 激光束的聚焦强度

1)激光束的传播特性

(1)激光光场在谐振腔内是一种稳定的驻波场,光通过反射率小于 1 的输出反射镜传播到腔外,形成一束基本上沿着谐振腔轴线方向辐射的激光光束。

理论和实际检测都证明:稳定腔激光器形成的激光束是振幅和相位都在变化的高斯球面波,称为"高斯光束"。工程应用中最常见的是基模(TEM_{00})高斯光束。

(2)如图 2-11 所示,基模(TEM_{00})高斯光束的振幅在横截面上按高斯函数所描述的规律从中心($x = y = 0$ 处,即传输轴线)向外边缘平滑地降落,在离中心的距离为 r 处的振幅降落数值为中心处数值的 $1/e$。e 是自然对数的底数,是一个无限不循环小数,其值是 2.71828 ……,其中,理论上可以证明

$$r = \sqrt{x^2 + y^2} = \sqrt{\frac{L\lambda}{\pi}} \tag{2-1}$$

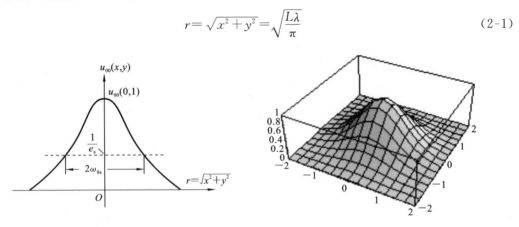

图 2-11 在横截面上基模(TEM_{00})高斯光束的振幅的示意图和立体图

(3)基模(TEM_{00})高斯光束的能量集中在光斑有效截面圆内。

我们定义振幅降落为中心处的 $1/e$ 处为基模光斑半径,数值为

$$\omega_{0s} = \sqrt{\frac{L\lambda}{\pi}} \tag{2-2}$$

上式表明,共焦腔基模的光斑半径与镜的横向尺寸无关,只与腔长 L 有关。这是共焦腔

的主要特征。激光器通常设置成共焦腔。

（4）如图 2-12 所示，共焦腔镜面上的光束分布假定：设方镜每边长为 $2a$，共焦腔的腔长为 L，光波波长为 λ，并把 x,y 坐标的原点选在镜面中心，而以 (x,y) 来表示镜面上的任意点，有

$$R_1=R_2=L=2f$$

$$L\gg a\gg\lambda$$

$$\frac{a^2}{L\lambda}\gg\left(\frac{L}{a}\right)^2$$

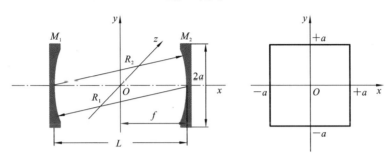

图 2-12 方形镜面对称共焦腔的光束分布假定

（5）基模高斯光束光斑半径随传播距离 z 按照双曲线规律变化。当 $z=0$ 时，光斑半径达到最小值，称为高斯光束的基模腰斑半径（腰粗），也称为激光束的"束腰"半径。"束腰"半径的大小为

$$\omega_0=\frac{1}{\sqrt{2}}\omega_s=\frac{1}{\sqrt{2}}\sqrt{\frac{\lambda L}{\pi}} \tag{2-3}$$

所以，"束腰"半径小于基模光斑半径，如图 2-13 所示。

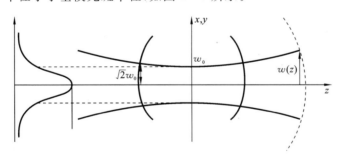

图 2-13 光斑半径随 z 按照双曲线规律变化

（6）高斯光束的发散角是光能量发散程度的度量，也是激光束方向性的度量。它由高斯光束的光斑尺寸沿 z 方向的变化量来决定。

高斯光束的全发散角定义为

$$2\theta=2\frac{\mathrm{d}w(z)}{\mathrm{d}z} \tag{2-4}$$

可见，当 $z=0$ 时，$2\theta=0$；当 $z=\frac{\pi w_0^2}{\lambda}$ 时，$2\theta=\frac{\sqrt{2}\lambda}{\pi w_0}$；当 $z\gg\frac{\pi w_0^2}{\lambda}$ 时，$2\theta=\frac{2\lambda}{\pi w_0}$。

高斯光束的全发散角定义式是光束的远场发散角的表达式,参看图 2-14 所示的激光高斯光束。从 $z=0$ 到 $z=\dfrac{\pi w_0^2}{\lambda}$,光束的发散角大约为远场发散角的 $\dfrac{1}{\sqrt{2}}$ 倍,通常称这个范围为"准直距离"。不同的腰半径的激光光束的远场发散角对比图如图 2-15 所示。

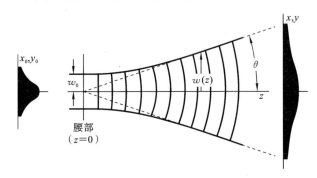

图 2-14　激光高斯光束示意图

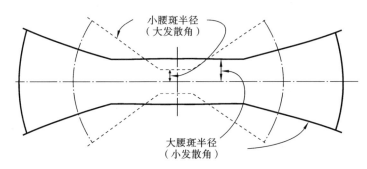

图 2-15　不同的腰半径的激光光束的远场发散角对比图

例:某共焦腔氦氖激光器,$L=30$ cm,$2\theta \approx 5.2 \times 10^{-3}$ rad,普通 He-Ne 激光管输出的激光束的发散角为 10^{-4} rad,换算成立体角,约为 10^{-8} Sr。

普通固体激光器输出的激光光束的发散角为 10^{-3} rad,对应的立体角约为 10^{-6} Sr。

普通的光源,由于它向四面八方辐射能量,故其发散角为 4π。

2)激光光束的聚焦强度

由于激光光束的方向性好,故只要用一块口径不大的聚焦透镜就可以将激光光束的绝大部分能量聚焦在激光焦点上。

如图 2-16 所示,若在距离"束腰"为 z_0 处,放置一块通光口径为 $2a$ 的透镜,由式(2-5)可得透过透镜的功率 P_a 和总功率 $P_总$ 之比为

$$\frac{P_a}{P_总} = \frac{\displaystyle\int_0^\infty \left[\frac{\sqrt{2}}{\pi} \cdot \frac{1}{w(z_0)} \exp\left(-\frac{r^2}{w(z_0)^2}\right)\right]^2 2\pi r \mathrm{d}r}{\displaystyle\int_0^\infty \left[\frac{\sqrt{2}}{\pi} \cdot \frac{1}{w(z_0)} \exp\left(-\frac{r^2}{w(z_0)^2}\right)\right]^2 2\pi r \mathrm{d}r}$$

$$= 1 - \exp\left[-\frac{2a^2}{w^2(z_0)}\right] \tag{2-5}$$

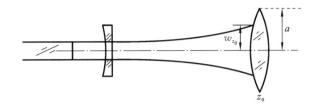

图 2-16　透镜会聚激光光束示意图

当 $a=w(z_0)$ 时,有

$$\frac{P_a}{P_{总}}=1-e^{-2}\approx 86\% \tag{2-6}$$

当 $a=\frac{3}{2}w(z_0)$,即 $2a=3w(z_0)$ 时,有

$$\frac{P_a}{P_{总}}=1-e^{-9/2}\approx 99\% \tag{2-7}$$

由式(2-7)可知,激光光路中的光学元件的通光口径 $2a$ 应为高斯光束在该处的光斑半径 $w(z_0)$ 的 3 倍。这时,激光光束 99% 的能量都将通过光学元件。也就是说,当聚光透镜的口径满足上述条件时,就可以将 99% 的激光光束能量聚焦在激光焦点上,而对于普通光源来说,一块口径为 2.0 cm 的聚焦透镜放置在离光源距离为 1.0 m 处,仅能将光能的万分之一聚焦在光学焦点上。所以,在激光焦点上可以获得很高的功率密度,该功率密度可以熔化或气化一切金属。因此,激光光束是热加工工艺中的一种有效的新热源。

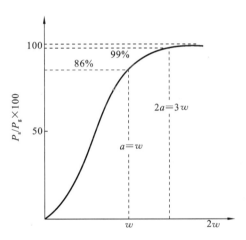

图 2-17　透过透镜的功率 P_a 和总功率 $P_{总}$ 之比与光斑口径的关系曲线

功率 P_a 和总功率 $P_{总}$ 之比可用图 2-17 说明,表 2-3 给出了激光光束以及其他热加工热源的功率密度。

表 2-3　激光光束以及其他热加工热源的功率密度

热源		功率密度/W·cm^{-2}
激光光束	脉冲	$10^8\sim10^{13}$
	连续	$10^5\sim10^{12}$
电子束	脉冲	10^9
	连续	$10^6\sim10^9$
电弧		1.5×10^4
氢氧焰		3×10^3

2. 激光束的焦点调试

1）激光焦点基本概念

激光束经过透镜聚焦后，其光斑最小位置称为"激光焦点"，如图 2-18 所示。

被加工的工件都是放在激光焦点附近进行加工的。因此，工件加工的质量与准确确定激光焦点位置和其附近的激光光斑上的光强分布特性有很大关系。

从图 2-19 可知，当激光谐振腔参数和结构确定了之后，激光高斯光束的"束腰"位置 c_{10} 和 w_{10} 就确定了。

若在离束腰距离为 d_1 处放一块焦距为 f 的聚焦透镜（近似作为薄透镜），则激光光束通过透镜后，仍然是高斯光束。而且透镜表面上的光斑半径和曲率半径满足下列关系

$$w_1 = w_2$$
$$\frac{1}{R_1} - \frac{1}{R_2} = \frac{1}{f} \tag{2-8}$$

新的高斯光束的"束腰"位置 c_{20} 就是"激光焦点"。

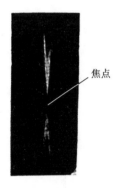

焦点

图 2-18 激光焦点图示

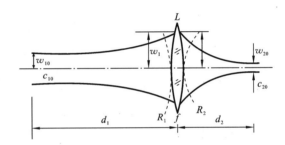

图 2-19 激光光束通过透镜变换示意图

理论上已论证，激光焦点的光斑半径 w_{20} 与焦点离透镜的距离 d_2 及透镜焦距 f 的关系为

$$d_2 = f + (d_1 - f) \frac{f^2}{(d_1 - f)^2 + \left(\frac{\pi w_{10}^2}{\lambda}\right)^2} \tag{2-9}$$

$$\frac{1}{w_{20}^2} = \frac{1}{w_{10}^2}\left[\left(1 - \frac{d_1}{f}\right)^2 + \frac{1}{f^2}\left(\frac{\pi w_{10}^2}{\lambda}\right)^2\right] \tag{2-10}$$

从式（2-9）可知，激光焦点的位置并不在聚焦透镜的焦平面上。对 $d_1 > f$ 的情况，它是在透镜焦平面的后面某一点上。其距离 d_2 与 w_{10}、d_1 有关。

由式（2-10）可知，激光焦点的光斑半径随着距离 d_1 的增加而减小；随着束腰半径 w_{10} 的增加而减小；随着透镜焦距 f 和激光波长的减小而减小。

2）合适的聚焦光斑

当固体激光器谐振腔确定以后，为了获得合适的聚焦光斑 w_{20}，分别讨论下列几种情况。

（1）透镜焦距 f 一定，而束腰 c_{10} 离透镜的距离 $d_1 < f$，如图 2-20 所示，此时式（2-9）右边

第二项为常数,第一项随着 d_1 的减小而增加。所以激光焦点的光斑半径随 d_1 的减小而减小。当 $d_1=0$,即高斯光束的"束腰"c_{10} 与透镜表面重合时,激光焦点光斑达到最小值。由式 (2-9)和式(2-10)可得

$$w_{20} = \frac{w_{10}}{\sqrt{1 + \left(\frac{\pi w_{10}^2}{\lambda f}\right)^2}} \tag{2-11}$$

$$d_2 = \frac{f}{1 + \left(\frac{\pi w_{10}^2}{\lambda f}\right)^2} < f \tag{2-12}$$

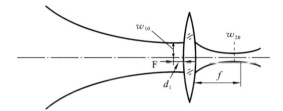

图 2-20 $d_1 < f$ 的情况

可见,当 $d_1=0$ 时,无论透镜焦距 f 为多少,都可以获得 w_{10} 的聚焦光斑 w_{20}。但是,激光焦点的光斑不能无限地减小,并且它的位置在透镜焦点之前。

如果透镜焦距 f 还进一步满足下列条件

$$f \ll \frac{\pi w_{10}^2}{\lambda}$$

则由式(2-11)和式(2-12)可得

$$w_{20} \approx \frac{\lambda}{\pi w_{10}} f, \quad d_2 \approx f \tag{2-13}$$

此时,激光焦点在透镜焦点上,而且透镜的焦距 f 愈短,激光焦点就愈小。

(2) 高斯光束的"束腰"c_{10} 离透镜的距离远大于透镜焦距,即 $d_1 \gg f$,通常在激光加工时均满足此条件。

由式(2-10)可得

$$\frac{1}{w_{20}^2} = \frac{1}{f^2}\left(\frac{\pi w_{10}^2}{\lambda}\right)\left[1 + \left(\frac{\lambda d_1}{\pi w_{10}^2}\right)^2\right] \tag{2-14}$$

从式(2-11)可得,入射到透镜表面上的光斑的半径为

$$w_1 = w_{10}\left[1 + \left(\frac{\lambda d_1}{\pi w_{10}^2}\right)^2\right]^{1/2} \tag{2-15}$$

将式(2-15)代入式(2-14)可得

$$w_{20} \approx \frac{\lambda f}{\pi w_1}, \quad d_2 \approx f \tag{2-16}$$

由式(2-16)可知,在此情况下,激光焦点 c_{20} 位于透镜的焦点上,其聚焦光斑的大小与波长和焦距成正比,与高斯光束入射到透镜表面的光斑半径成反比。激光焦点的光斑直径为

$$2w_{20} = \frac{2\lambda f}{\pi w_1} \tag{2-17}$$

若激光束为准平行光束，如平行平面腔输入的光束，其输出反射镜面上的光斑半径 w_1 近似等于光束"束腰"半径 w_{10}，即 $w_1 \approx w_{10} \approx w_0$，则将假设公式 $2\theta = 2\lambda/\pi w_0$ 代入式(2-17)，可得到：当准直激光束通过焦距为 f 的透镜聚焦后，其激光焦点的光斑直径为

$$2w_{20} = 2f\theta \tag{2-18}$$

由式(2-7)可知，若要将激光束的 99% 的能量聚焦在激光焦点上，则透镜口径 D 应等于透镜表面上的光斑半径的 3 倍，即

$$D = 3w_1$$

将上式代入式(2-17)，则有下列近似关系

$$2w_{20} \approx \frac{2\lambda f}{D}$$

如果聚焦光学系统能设计为

$$\frac{f}{D} \approx 1$$

则激光焦点直径可达到

$$2w_{20} \approx 2\lambda \tag{2-19}$$

从式(2-19)可知，单模高斯光束经过理想的光学系统聚焦后，其焦点上的光斑直径的数值可以达到激光波长的两倍。

3. 激光束的聚焦深度调试

激光打孔工艺，往往要求加工的孔形圆而深，并且锥度小。激光切割和刻片则要求切割断面的锥度小，切缝细而深。这些要求能否达到，与激光焦点附近的聚焦深度有很大关系，如图 2-21 所示。若假设激光束的功率为 P，在激光焦点处的平面上，高斯光束 TEM_{00} 模的场强分布为

$$E(x, y, z) = \sqrt{\frac{2P}{\pi}} \frac{1}{w_{20}} \exp\left[\frac{-(x^2 + y^2)}{w_{20}^2}\right] \tag{2-20}$$

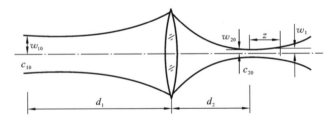

图 2-21　聚焦深度示意图

激光焦点中心处的场强强度为

$$E(0, 0, 0)\big|_{c_{20}} = \sqrt{\frac{2P}{\pi}} \cdot \frac{1}{w_{20}} \tag{2-21}$$

若沿着光轴上取 c_2 点，c_2 离激光焦点 c_{20} 的距离为 z，并且 c_2 点处的光斑半径满足下列

条件

$$w_{c_2} = \sqrt{2} w_{20} \tag{2-22}$$

则由式(2-21)可得 c_2 处平面上的场强分布为

$$E(x,y,z)|_{c_2} = \sqrt{\frac{2P}{\pi}} \frac{1}{\sqrt{2} w_{20}} \exp\left[-\frac{x^2 + y^2}{2 w_{20}^2}\right] \tag{2-23}$$

c_2 处的光斑中心的场强强度为

$$E(0,0,0)|_{c_2} = \sqrt{\frac{2P}{\pi}} \frac{1}{\sqrt{2} w_{20}} \tag{2-24}$$

比较式(2-23)和式(2-24)两式,可得 c_2 和 c_{20} 点的光强强度之比为

$$\frac{I_{c_2}}{I_{c_{20}}} \frac{E^2(0,0,0)|_{c_2}}{E^2(0,0,0)|_{c_{20}}} = \frac{1}{2} \tag{2-25}$$

激光焦点的"聚焦深度"z 的定义:光轴上 c_2 点的光强度(或光功率密度)降低为激光焦点 c_{20} 点处的光强度的一半时,c_2 点离激光焦点 c_{20} 的距离。

由式(2-18)得 c_2 点的光斑半径为

$$w_{c_2} = w_{20}\left[1 + \left(\frac{\lambda z}{\pi w_{20}^2}\right)^2\right]^{1/2} \tag{2-26}$$

将式(2-22)代入式(2-23),最后可得

$$z = \frac{\pi w_{20}^3}{\lambda} \tag{2-27}$$

将式(2-16)代入式(2-27),得

$$z = \frac{\lambda f^2}{\pi w_1^2} \tag{2-28}$$

可见,"聚焦深度"与激光波长 λ 和透镜焦距 f 的平方成正比;与入射到聚焦透镜表面上的光斑半径的平方成反比。因此,要获得聚焦深度较大的激光焦点,就要选择长焦距的聚焦透镜,缩短激光束腰 c_{10} 到透镜的距离 d_1。

比较式(2-27)和式(2-28)可知,要想获得光斑小且聚焦深度较深的激光焦点,在选择参数时是有矛盾的,所以,在设计激光加工的激光光路时,要根据具体情况合理选择上述参数。

任务 2　振镜扫描系统装调

接受工作任务

【任务目标】

振镜扫描系统装调

【任务要求】

(1) 完成固体激光器系统装调,正确出激光;
(2) 完成光路传输系统扩束镜装调及扩束能力测定;
(3) 完成振镜 X、Y 方向扫描系统装调。

信息收集与分析

1. 振镜扫描系统组成

振镜扫描系统是使激光按照预定轨迹运行的执行机构,由振镜(光学扫描器)、F-θ 聚焦物镜及直流供给电源,组成具有完整功能的系统,如图 2-22 所示。

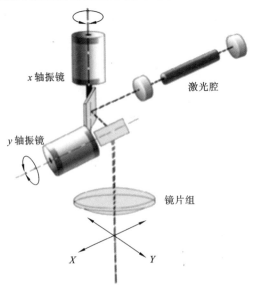

图 2-22　振镜扫描系统的组成

2. 振镜系统装调

1) 振镜系统(光学扫描器)组成

振镜(光学扫描器)由高精度伺服电动机、电动机驱动板卡、反射镜组成。光学扫描器分为 X 方向和 Y 方向扫描系统,每个伺服电动机轴上固定着激光反射镜片,分别由计算机发出指令控制其扫描轨迹。

振镜系统是由高速摆动电动机、驱动板、镜片及其他辅助部件组成的高精度、高速度伺服控制系统。由于镜片工作时的动作看上去像在高速振动,因此称为振镜扫描系统。振镜系统主要用于激光打标、激光内雕、激光演示、舞台灯光控制等场合。振镜系统的组成如图 2-23 所示。

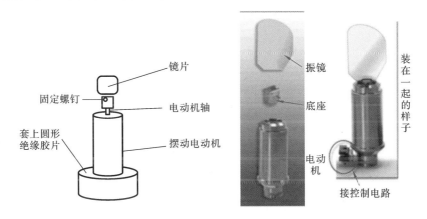

图 2-23　振镜系统的组成

整个过程采用闭环反馈控制,由位置传感器、误差放大器、功率放大器、位置区分器、电流积分器等五大控制电路共同作用,控制信号由计算机控制的 $0\sim5$ V(或 10 V)的直流信号发出,振镜输出的是镜片的转动角度,驱动镜片的是伺服电动机。

在振镜控制系统中,使用了位置传感器和负反馈回路的设计来保证振镜系统的精度。

2) 振镜系统的工作原理

振镜系统的工作原理是:输入一个位置信号,摆动电动机就会按一定电压与角度的转换比例摆动一定角度。

(1) a、b 是振镜,摆动电动机转动振镜 a 和 b,可以使入射光束投影到 XY 平面指定位置(场镜或平面)。

(2) x 轴和 y 轴反射镜之间的距离为 e ,y 振镜的轴线到视场平面坐标原点的距离为 d。

(3) 计算公式:当 x,y 轴的光学偏转角分别为 θ_x 和 θ_y 时,视场平面上相应光点坐标为 (x,y),且当 $x=y=0$ 时,$\theta_x=\theta_y=0$,则

$$\begin{cases} y=d\tan\theta_y \\ x=(\sqrt{d^2+y^2}+e)\tan\theta_x \end{cases}$$

$$\begin{cases} \theta_y=\arctan\left(\dfrac{y}{d}\right) \\ \theta_x=\arctan\left(\dfrac{x}{\sqrt{d^2+y^2}+e}\right) \end{cases}$$

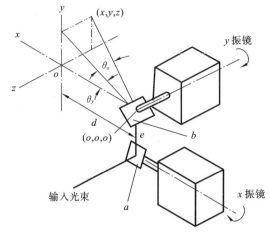

图 2-24 打标范围的计算

（4）偏转角与振镜的控制电压关系：振镜 a,b 的偏转角 θ_x 和 θ_y 与振镜 a,b 的控制电压 V_x 和 V_y 的关系为：

$$\theta_x = k_x \times V_x$$
$$\theta_y = k_y \times V_y$$

其中：k_x,k_y 是系数。

所以通过控制 V_x 和 V_y 就可以控制振镜 a,b 的偏转角度。

有些振镜是由步进电动机驱动的，那么 V_x 和 V_y 就是步进电动机的控制电压。

3）高速摆动电动机

（1）高速摆动电动机结构如图 2-25 所示。

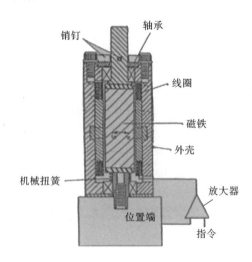

图 2-25 高速摆动电动机结构

（2）高速摆动电机工作原理。

通电线圈在磁场中产生主动力矩,同时其转子上通过机械纽簧或电子的方法施加复位力矩,大小与转子偏离平衡位置的角度成正比。

当线圈通以一定的电流而转子发生偏转到一定的角度时,电磁力矩与回复力矩大小相等,故不会像普通电动机一样旋转,只能偏转,偏转角与电流成正比,与电流计一样,故振镜又称电流计扫描器。

(3)高速摆动电动机电气与机械特性如表2-4所示。

表2-4 电气与机械特性及其参数作用

电气与机械特性	参 数	作 用
小步长阶跃响应时间	0.5 ms	振镜的扫描速度
线性度	99.9%,范围±20°	
比例漂移	<10PPM/℃	受温度的影响
零点漂移	<10 μRad./℃	受温度的影响
重复精度	<10 μRad./℃	决定了定位精度
平均工作电流	1.5 A	振镜系统输出力矩大
峰值电流	15 A	振镜系统输出力矩大
最大扫描角度(机械角)	±20°	影响扫描范围
工作温度	25 ℃±10 ℃	

4)XY振镜的支架与安装

在扫描系统中,XY振镜的支架是非常重要的,不仅起到固定振镜、保证光路的作用,同时由于振镜在运行过程中会产生大量的热量,因而支架还应具有相当好的散热功能,如图2-26所示。

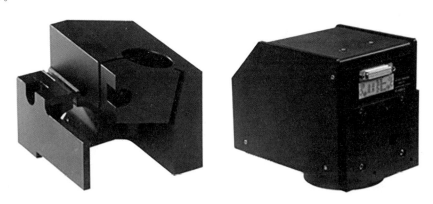

图2-26 振镜的支架与安装

5)振镜直流电源

如图2-27所示的直流电源是振镜的供电部分,其性能优劣直接影响到振镜系统的各项指标。应根据振镜的动态特性设计瞬态响应好、可靠性高的开关直流电源与振镜系统相配套,以确保系统的稳定性。

开关电源为两路±24 VDC输出,分别接 X 轴、Y 轴驱动板。X 轴、Y 轴驱动板与电动机分别有标记,绝对不能混接。

图 2-27　振镜直流电源

6）振镜反射镜片

CO_2 系列各项参数如下。

波长:10.6 μm。

膜层:金膜。

反射率:98.8%。

承受连续激光功率:500 W/cm^2。

面形:$\lambda/4$。

光斑直径:8 mm、10 mm、12 mm、16 mm、20 mm。

YAG 系列各项参数如下。

波长:1.06 μm。

膜层:介质膜。

反射率:99%。

承受连续激光功率:500 W/cm^2。

面形:$\lambda/4$。

光斑直径:8 mm、10 mm、12 mm、16 mm、20 mm。

常用振镜反射镜片如图 2-28 所示。

图 2-28　振镜反射镜片

7）驱动板组成与管脚功能

（1）驱动板外形与连线如图 2-29 所示。

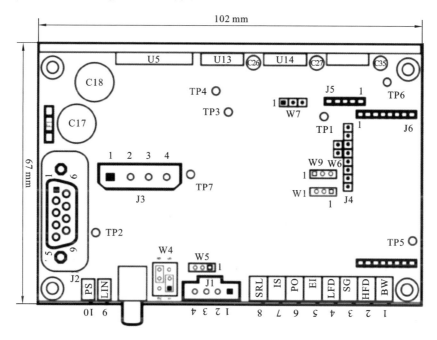

图 2-29 驱动板外形与连线

① 输入电源 J3：驱动板的直流电源通过 J3 输入（注意：电源接口千万不能接错）。J3 各引脚的功能描述如下。

1 脚：+24 VDC 输入。

2 脚：电源地。

3 脚：电源地。

4 脚：−24 VDC 输入。

② 位置的信号输入：位置信号的输入通过 J1 的 1 脚和 3 脚。其中，1 脚为负、3 脚为正。注意：输入信号的最大值为 ±10 V。如果超过 ±10 V，则系统就会产生限位保护。若此状态持续时间过长，摆动电动机会因发热而损坏。

③ 偏移信号的输入：当需要系统在某一个固定角度下摆动时，可通过 J1 的 2 脚和 4 脚输入一个偏移量来完成。其中，2 脚为负、4 脚为正。偏移信号最大为 ±2 V，如果偏移量过大，在位置输入信号相对较大时，容易发生限位保护。

④ 状态指示信号：工作、故障指示功能，正常状态下指示灯为绿色，发生故障时指示灯变红。为方便客户的观察，特设指示输出信号，通过 J4 来实现。J4 各引脚功能描述如下。

1 脚：工作指示。

2 脚：地。

3 脚：故障指示。

（2）驱动板的安装：驱动板自带一个小散热铝板，但其散热能力是不够的，应把这个散热板固定在一个有散热能力的铝板上，在固定小散热板时在上面涂抹一层导热硅胶，使热量能充分的散发出去。

8）振镜组件的安装

（1）取出振镜电动机及驱动板，仔细观察编号，把相同编号的电动机与驱动板配套。

（2）取出振镜镜片（小心不要用手碰到镜片表面），两镜片中长的为 Y 镜片，短的为 X 镜片，把它们分别装到两个电动机顶端的细轴上（两电动机可随便选取，但我们为了方便，一般把号码小的配 X 镜片，大的配 Y 镜片）。

（3）装上镜片，用十字螺钉旋具轮流锁紧镜片两面的螺钉，尽可能使镜片平面与电动机轴线在同一平面上，不要先锁紧一边的螺钉然后再去锁紧另外一边的螺钉。

（4）给电动机装上绝缘胶片（圆的套在轴上，长方形的包住电动机外径），把电动机装到振镜架上（X 镜装到斜架上，Y 镜装到侧面架上，确保两镜片转动时不会碰到），电动机与振镜架之间刚好有绝缘片隔离，稍微锁紧固定螺钉。

3. 振镜系统驱动板调试

1）仪器工具准备

需要准备的工具包括信号发生器、双通道示波器、±24 V 稳压直流电源、振镜支架、振镜、小十字螺钉旋具和一字螺钉旋具。

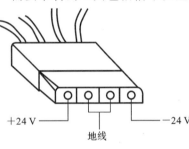

+24 V　地线　−24 V

图 2-30　振镜电源接线

2）电源线的连接

确定稳压直流电源的输出为 24 V，按图 2-30 所示连好线。

3）振镜驱动板的调整

振镜驱动板调整的步骤：首先进行振镜的初始化设置，接下来调整窄带滤波器，然后是对 X、Y 振镜的调整。一般先做 Y 镜的调整，然后是 X 镜，最后是两只振镜的匹配检查与修整。

（1）振镜的初始设置。

① 预调整的电位器如表 2-5 所示。

表 2-5　预调整电位器

名称	编号	操作简称	操作描述
PS	R13	XXX	位置探测，幅度，不要调整
LIN	R77	XXX	线形度，不要调整
SRL	R78	FCCW	回转速率极限，逆时针调到头
IS	R51	XXX	输入幅度，不要调整，以后再调
PO	R1	XXX	零点，不要调整，以后再调
EI	R31	FCCW	综合误差，逆时针调到头
LFD	R25	FCCW	低频响应，逆时针调到头
SG	R28	FCCW	电动机增益，逆时针调到头
HFD	R59	FCCW	高频响应，逆时针调到头
BW	R107	Center	带宽，将总共14圈的电位器调到中心位置

电位器顺时或逆时针调到头时,可以听到"滴答"的响声,BW 电位器的调整为先逆时针调到头,然后顺时针转动 7 圈。

② 不需要调整的电位器:R13 和 R77 始终不要调整,R1 和 R51 在初始设置时不用调,稍后再调。

③ 设置振镜驱动板上的跳线:W4 连接 1~3、连接 4~6。(模拟、正向、单端输入)

WS 连接 2~3(带镜片调控)。

W1 连接 2~3。

W9 连接 1~2(高精度模式)。

④ 连线:连线以前请确认电源是关断的。

将电源接头插到板上。

将振镜接到板上。

请确认振镜和驱动板都已固定好。

请确认振镜和驱动板散热良好。

(2) 窄带滤波器的调整。

窄带滤波器调整的步骤是:先进行振镜谐振频率的测量,然后是滤波。

① 摘掉滤波器。

② 信号发生器设置。正弦波、300 Hz、峰-峰值 50 mV(频率和峰-峰值不要求十分准确,可以有一点误差)。

关掉信号发生器。将信号发生器的输出接到 TP6(滤波器输出)和 TP2(GND)。

③ 示波器设置。

通道 1:接到 TP1 和 GND(5 V/格)。

通通 2:接 TP2 和 GND(50 mV/格)。

两个通道均为直流耦合。

④ 波幅度调整。

a. 打开振镜电源,并确认电源为±24 V。此时驱动板上的指示灯为红色,过一会自动变成绿色。若灯一直为红色,只要用手指轻轻转动镜片到适当的位置,灯就会变成绿色。

b. 打开信号发生器。

c. 测量电流,此时通道 2 的波形峰-峰值小于 200 mV。

d. 关掉信号发生器。

e. 用手轻轻的转动镜片,使位置信号(通道 1)在+10 V 和−10 V 之间。

f. 转动镜片,使位置信号(通道 1)在 0 V 附近。

g. 关掉电流监测(通道 2),设置位置监测(通道 1)为:交流耦合、5 mV/格。

h. 打开信号发生器,并慢慢增加频率,直到出现最大振幅(通常 X 镜为 8 kHz,Y 镜为 6 kHz 左右,具体数值略有差别,在最大振幅时能听到尖厉的啸叫声)。

啸叫调节:发生啸叫时调节驱动板下面右数第三个电位器。顺时针或逆时针调一圈,若无反应请退回。切不可过多调节,否则会影响振镜性能。

i. 记住这个频率,振镜在该频率下不能工作时间过长。

j. 关掉信号发生器,关掉电源,将信号发生器的输出从驱动板上拿下来。

k. 如果要测第二个板子的共振频率,重复上述操作,直到找到第二个板子的第一共振频率。

⑤ 滤波器调整:检查滤波器的标记,确认其频率范围适用于该振镜（X 镜用 5♯ 或 4♯,Y 镜用 4♯ 或 3♯）,如图 2-31 所示。

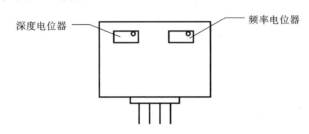

图 2-31　滤波器上的电位器调节

a. 插上滤波器。

b. 将 TP4(静音)连接到 GND,使振镜输出无效。

c. 确认振镜连接正确。

d. 将示波器通道 1 连接到 TP6(滤波器的输出)

e. 打开电源,指示灯由红变绿,打开信号发生器,确认频率和幅度正确。

f. 调节滤波器上的电位器:

调节频率电位器,使滤波器的输出(通通 1)最小。

调节深度电位器,使滤波器的输出(通道 2)最小。

重复。反复调校这两个电位器,确定滤波器的输出已是最小即可。

g. 关掉信号发生器,摘掉 TP4 与 GND 之间的短路线。从板上取下信号发生器的输出。

h. 如果需要调整第二个滤波器,重复上述操作,可以用同一个振镜。

(3) 设置和调整振镜 Y 及其驱动板。

注意调整中的驱动板发热和散热情况,快速振动的镜片的保护,出现不正常啸叫过久宜紧急切断信号和电源,以避免损害电动机与驱动板。

调试过程中,驱动板上的 5 A 保险电阻容易被烧毁,应注意保护和更换。

① 信号发生器设置(请确认信号发生器没有连接到振镜驱动板上):方波、30 Hz、50 mV 峰-峰值。关掉信号发生器。

② 驱动板的连接和设置:确认滤波器已插到驱动板上,并且它们是匹配的,并且已完成滤波的设置。将信号发生器的输出接到驱动板的正向输入端 (J1-3) 和 GND(或 JI-1),(也可将信号从 W4 的 1-3 跳线输入)。

确认静音信号(TP4)没有接 GND。

确认电源是关断的,并接上电源线。

③ 示波器设置:

通道 1,接位置输出信号 TP1(或 J4-2),5 V/格。

通道 2,接振镜电流信号 TP3 和 GND,50 mV/格。

时间轴:1 ms/格。

两个通道都用直流耦合。

④ 打开电源,可见指示光由红色变为绿色,振镜镜片很容易被拨动,并可看见位置信号在-10 V 到+10 V 之间移动,在极限位置指示灯会变成红色,拨动镜片,使它离开原点。

若指示灯一直为红色不变为绿色,先关掉电源,把 LFD、SG 和 HFD 顺时针转动 2 圈,再打开电源(当转动 SG 以后,镜片就被锁紧,此时不要用力转动镜片,否则会损坏电动机)。

⑤ 初始位置调整:设置信号发生器。通道 1:200 mV/格。

SG:慢慢顺时针旋转,直到镜片移动到原点(观察示波器,通道 1 信号移动到原点附近即可,不必一定要到原点,否则 SG 转的太多会影响后面的调整)。

⑥ 小信号调整:打开信号发生器。通道 1:50 mV/格。

调整以下电位器。

EI:慢慢顺时针旋转,直到位置信号(通道 1)出现近似方波的形状,不要调得太多,确认波形只有两个极大点。

SO:慢慢地顺时针旋转,直到抹平第一过调点,使波形更像方波。

注:若通道 2(电流监测信号)波形有许多峰,可适当调整 LFD 和 HFD,使通道 2 信号为类似正弦波的波形(只有一个波峰和一个波谷)。

⑦ Damping 调整。

EI(R31):慢慢顺时针旋转,直到位置信号(通道 1)出现第一个过调的极大点,电流信号此时可能有两个峰。

SG:(R28)慢慢顺时针旋转,直到抹平第一过调点。

如果调整 EI 和 SG 得不到预期的效果,则将所有调整过的电位器调回零点,再重新开始调整。

如果出现第二个凸峰和第二个凹坑,则调整:

HFD(R59):慢慢顺时针旋转,直到抹平第二个过调点。

LFD(R25):慢慢顺时针旋转,直到填平第二个凹坑。

上述调整后,示波器上的两个波形都应该是比较平滑的。

重复下面的这一组操作,直到无法出现平滑完美的波形。

EI(R31):慢慢顺时针旋转,直到出现第一个过调的极大点。

SG(R28):慢慢顺时针旋转,直到抹平第一个过调点。

LFD(R25):慢慢顺时针旋转,直到填平第二个凹坑。

HFD(R59):慢慢顺时针旋转,直到抹平第二个过调点。

SG(R28):慢慢顺时针旋转,直到抹平第一个过调点。

监测电流信号,保证波形平滑。有时候需要反复调整 LFD 和 HFD,当无法再改善波形时,再稍微调整。

⑧ 极限回转速率调整:将示波器的通道 2 的探针从电压监测移动到驱动板保险电阻上,监测通过振镜电动机上的电流。

SRL(R78):顺时针调到头。

信号发生器:将信号幅度调到峰-峰值为 10 V。

SRL(R78):逆时针调整,直到通道 2 监测的峰值为 17 V 或波形开始变坏。

将信号发生器的输出幅度调回 50 mV,查看一下波形,如有必要,再稍作调整。

关掉信号发生器,从驱动板的输入端取下输入信号。

关掉电源。

4)X振镜的调整

重复第2)、3)步的调整。

5)X振镜与Y振镜的匹配

如果按照上述步骤调整,X振镜通常比Y振镜速度快,所以把X振镜调到1 ms左右,就要把X、Y振镜配合起来调整。为了更好的匹配两个振镜,最好让两个驱动板共地,可用一根粗电线将两个板子的J3-2连起来。

设置信号发生器。

方波、30 Hz、50 mV峰-峰值。

关掉信号发生器。

关掉电源,接示波器。

通道1,接X驱动板的位置输出信号TP1,50 mV/格。

通道2,接Y驱动板的位置输出信号TP1,50 mV/格。

时间轴:1 ms/格。

打开电源,驱动板上的指示灯由红色变为绿色。

(1)小信号响应匹配:比较两个波形,调整X驱动板,使X振镜的波形与Y振镜的波形一致,主要调整LFD(R25),HFD(R59),SG(R28)得到想要的波形,如果有必要,则调整EI(R31)。在此过程中,一般不要调整Y振镜,若X振镜比Y振镜快很多,不能够调Y振镜使Y振镜超过X振镜,只能把X振镜重新开始调整,不能把X振镜往回调。

(2)大信号响应匹配:设置信号发生器,方波、30 Hz、10 V峰-峰值。

再次看示波器上的波形显示,调整X驱动板上的SRL(R78)直到两个波形重合。

(3)匹配的最终检测:示波器设置如下。

通道1:接X驱动板的位置输出信号TP1,50 mV/格。

通道2:接Y驱动板的位置输出信号TP1,50 mV/格。

时间轴:1 ms/格。

两个通道都用直流耦合:方波、30 Hz、50 mV峰-峰值。

设置信号发生器:方波、30 Hz、50 mV峰-峰值。

比较波形,如有差别,再稍微调整。关掉电源,摘掉所有连线。

6)振镜的首次启动与调整

(1)在振镜首次启动前,再次确认连线是否正确,特别是DC±25 V电源输入端,如果接错,肯定会烧坏驱动板。

(2)检查反射镜片是否安装牢固,特别注意必须保证两镜片在任何位置转动时,不发生碰撞。系统出厂时,已配好镜片,并对应调好。

如果需要更换镜片,应注意镜片的型号和尺寸。

(3)上两项检查完后可进行首次启动,打开电源观察振镜驱动板上的指示灯,正常情况下在打开电源5 s后,绿指示灯亮。此时摆动电动机处于居中位置,用手沿反射镜片边缘轻轻转动反射镜时,能感觉到摆动电动机锁定。

（4）在 X、Y 驱动板上各输入一个位置信号，振镜就应该立即工作，但可能会出现振镜摆动角度过大或小，这时可调节驱动板最下排右边第一个电位器进行调整，直至符合要求。

7）振镜的简单故障分析（见表 2-6）

表 2-6　振镜的简单故障分析

故 障 现 象	原　　因	解 决 办 法
驱动板无指示	电源未接通或接反	检查接线
首次启动驱动板冒烟	电源接反	检查接线
启动后，红灯一直亮	驱动板接触不良	检查驱动板插头
启动后，红灯一直亮	限位保护	调节驱动板下面
有异常的间接嘧叫声	系统故障	右数第二个电位器
驱动板工作时，有啸叫声	系统故障；用户换过镜片，摆动电动机角度小	位置信号小或驱动板故障检查位置信号

4. 振镜系统失真及其解决方法

1）振镜系统失真

振镜系统失真产生枕形或桶形失真是振镜打标的一种固有现象，它是由振镜扫描方式所决定的。解决的方法是对失真进行信号校正。

校正的方法有两种，一种是硬件校正，校正的方法是将 D/A 卡输出的模拟信号通过一块校正卡按照一定的规律改变其电压值，再将信号传送到振镜头，目前用的较少。另一种就是软件校正，校正的方法是软件本身附带有校正功能，在打标过程中，先将数字信号按照一定的方法进行处理，然后再将信号传送给 D/A 卡。这是目前用得较多的一种。

2）振镜系统失真的软件校正

在更换振镜和透镜等光学器件后，必须进行光学校正与定标的操作。

下面是某种软件光学校正与定标的操作实例。

选择菜单标记→光学校正与定标，弹出如图 2-32 所示的对话框。

左上角的方形图像为校正的直观显示，粗线表示光学畸变校正后的形状，细线表示线性校正后的形状。注意，这并不是打标区域的实际状况，而是显示校正后的变化趋势，以便给使用者以提示。

（1）调整打标区域大小如图 2-33 所示。

调整输出范围：调整控制最大打标区域的电压值。

请输入实际尺寸：输入最大打标区域时 X 方向的实际长度，单位为 mm。

更换光学部件后，光路有所变化，最大打标区域也会有所变化，需进行调整。图 2-33 所示为最大打标区域的调整设定框，设定大小后，使用"测试"按钮进行打标测试，此步需耐心测试，以找到最大打标区域。

找到最大打标区域后，用卡尺测量实际尺寸，然后输入"请输入实际尺寸"后面的对话框

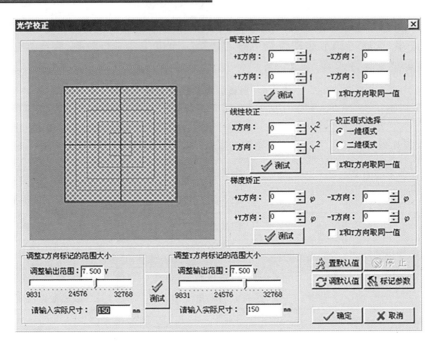

图 2-32　光学校正与定标对话框

图 2-33　调整打标区域大小

中。点击"确定"按钮,保存结果。

(2) 光学畸变校正如图 2-34 所示。

图 2-34　光学畸变校正

"＋X 方向"与"－X 方向":X 方向的校正值(最大为最大打标区域 X 值的 1/10)。

"＋Y 方向"与"－Y 方向":Y 方向的校正值(最大为最大打标区域 Y 值的 1/10)。

"X 和 Y 方向取同一值":选中时,X、Y 采用同一校正值。

测试:按此键进行打标测试。

何时需要光学畸变校正？当用测试功能试打方形其边线不是直线，而是内凹或外凸的曲线时，需进行此校正。边线内凹时，对应选项需选负值；外凸时选正值。

（3）线性校正调整如图 2-35 所示。

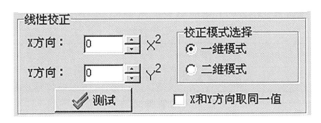

图 2-35　调整线性校正

"X 方向"：X 方向的校正值（最大为最大打标区域 X 值的 1/10）。

"Y 方向"：Y 方向的校正值（最大为最大打标区域 Y 值的 1/10）。

校正模式选择：一维模式为一阶曲线校正；二维模式为二阶曲线校正。

"X 和 Y 方向取同一值"：选中时，X、Y 采用同一校正值。

测试：按此键可打多个方形，以进行线性测试。

何时需线性校正？按测试打多个方形，测量各个方形边线的间距是否相等。如不等，则需进行线性校正。校正值为正时，各方形的间距线性减少，即尺寸大的方形的间距减少得越多。

（4）梯度矫正如图 2-36 所示。

图 2-36　梯度矫正

"＋X 方向"与"－X 方向"：X 方向的校正值（最大为最大打标区域 X 值的 1/10）。

"＋Y 方向"与"－Y 方向"：Y 方向的校正值（最大为最大打标区域 Y 值的 1/10）。

"X 和 Y 方向取同一值"：选中时，X、Y 采用同一校正值。

测试：按此键进行打标测试。

何时需要梯度矫正？当用测试打方形，该方形呈梯形时，需进行此校正。梯形上小下大时，对应选项需选负值；上大下小时则选正值。

 工作前准备

（1）请绘制振镜扫描系统简单示意图，并写出其主要组成元器件。

（2）如何检验振镜扫描系统装调后的正确性？

制定工作计划

振镜扫描系统装调任务的工作计划如表 2-7 所示。

表 2-7 工作计划表

步骤	工 作 内 容	备 注
1	振镜系统 X 方向装调	
2	振镜系统 Y 方向装调	
3	振镜系统 X 与 Y 方向联调	
4	振镜系统失真检验	借助软件

 任务实施

实施振镜扫描系统装调任务,完成工作记录表 2-8。

表 2-8 工作记录表

序号	输 入 图 形	输 出 图 形	原因分析与解决方法
1	四方形 50 mm×50 mm		
2	半径为 50 mm 的圆		

 知识拓展

光学镜片的损坏及擦洗方法

1. 光学镜片的损坏

在有功率输出的激光器中,所有的光学镜片大都会由于制造工艺的原因或受外界污染等因素导致镜片对特定的激光波长吸收增大,久而久之使镜片寿命缩短,由于镜片的损坏而造成影响使用甚至停机的情况时有发生。

镜片对激光波长吸收的增加会引起不均匀加热导致镜片的反射率和折射率产生变化,激光波长从高吸收镜片上透过或反射时激光功率的分布不均匀使镜片中心温度高、边缘温度低,产生这种变化在光学上称透镜效应。

由于污染导致镜片高吸收引发热透镜效应会产生许多问题。由于透镜基片的不可逆热应力的产生,光束传播通过镜片时所产生的功率损耗,聚焦光点位置的偏移变动,镀膜层的过早损坏等都能导致镜片遭到破坏。另外,对于暴露在空气中的镜片,如果我们在做擦洗时不遵循镜片清理的要求和注意事项,结果将造成新的污染甚至划伤镜片,造成不可弥补的损失。激光器的镜片污染会对激光输出乃至数据采集系统造成严重的问题。

人为原因所造成的污染主要有指纹、唾液、划伤等。

由于设备长时间使用,空气中的灰尘将吸附在聚焦镜和晶体端面上,轻则降低激光器的功率,重则造成光学镜片吸热,以致炸裂。

2. 光学镜片擦拭步骤

(1) 手洗干净,吹干或待干。

(2) 戴上指套。

(3) 轻轻取出镜片检查。

(4) 先用空气球或氮气吹掉镜片表面之粉尘。

(5) 将无水乙醇与乙醚按 3∶1 的比例混合,(或用丙酮与乙醇),将擦镜纸叠成一小方块夹在手指之间。

(6) 以拭镜纸滴适量之拭镜液轻轻擦拭,以沾拭镜液之棉花球粘走残余物。

(7) 更换拭镜纸,再重复上述步骤。

(8) 勿重复使用同一张拭镜纸。

(9) 以空气球再将镜面吹干净。

3. 激光镜片保养注意事项

(1) 不要以手碰触到镜面。

(2) 不要对镜面哈气或用空压机之空气喷吹。

(3) 不要用镜面直接碰触硬物表面。

(4) 不要以非拭镜纸(棒)擦拭或对镜片用力擦拭。

(5) 拆装镜片时不要用力紧压。

(6) 当激光器功率下降时,如电源工作正常,此时应仔细检查各光学器件,包括如下内容:

① 聚焦镜是否因飞溅物造成污染?

② 反射镜金属膜是否脱落或受损?

③ 谐振腔膜片是否污染或损坏?

④ 晶体端面是否漏水或污染?

X-Y 扫描系统部件安装与调试

1. X-Y 扫描系统的组成

X-Y 扫描系统的激光器及光路系统由 CO_2 激光管、第一反射镜、第二反射镜、第三反射镜、聚焦镜组成,采用飞行光学系统,如图 2-37 所示。光路系统调整的好坏直接影响加工的效果,使用前必须确保光路系统处于正常状态。

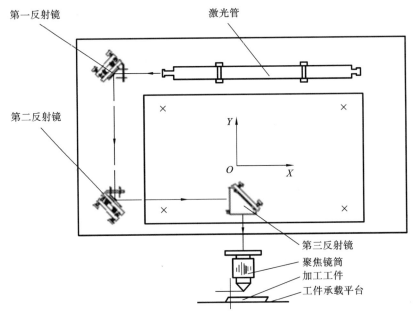

图 2-37 X-Y 扫描系统的组成

2. X-Y 扫描系统的特点

X-Y 扫描系统又称为"飞行光学系统"。与光束固定的导光系统相比,X-Y 扫描系统具有更大的灵活性、更高的加工速度以及更低的制造成本。

由于激光光束总是存在远场发散角,在大的传输距离下,如果不采取一定的措施,激光的聚焦光斑直径、焦平面和聚焦焦深在不同的位置将发生很大的变化,对激光加工质量带来严重的影响。

由几何光学可直观地看出,在一束有远场发散角的激光光束的不同位置进行聚焦,聚焦平面将发生变化。

由于远场发散角的存在,距离越远,激光光束的直径越大,如图 2-38 所示。

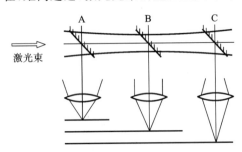

图 2-38 X-Y 扫描系统的远场发散角

在衍射极限范围内,入射于聚焦透镜表面的光束半径 R 越大,聚焦光斑半径研越小;聚焦光斑半径 R 越小,焦深越短。

为了获得稳定的聚焦性能,保证最终的聚焦光斑的稳定,可以从下列几个方面入手。

1）设计长光路激光器

从激光发生器的谐振腔入手，针对长光路进行谐振腔的设计，减小激光光束的发散角，提高激光光束的光束质量，使之适合进行大范围内的激光加工。

2）保证光程不变

工件移动，而激光光束不动，或者激光光束只是作某个单方向的运动，以尽量减少光程的变化。这种方法目前已经较少采用。

要使机床台面在高负荷的情况下进行高速、精确的运动是非常困难的，大大限制加工速度与加工精度。采用固定光程的办法来获得稳定的聚焦光斑，一般采用光关节臂或类似于光关节臂的方式，通过在导光系统中加入两个受制的、可以自动移动的反射镜来调整光程，以保证进行激光加工时光程不变。

有些加工系统采用的是激光头在一个方向（如 Y 方向）运动，而由工作台完成另一个方向（如 X 方向）。但该方法对工作台的要求很高，且对激光加工的速度有限制，一般较少采用。

3）减小激光光束的远场发散角

在激光加工系统的导光系统中加入一个倒置的望远镜系统，即激光扩束系统，可以减小激光光束的发散角。

经过扩束系统后，光束的发散角与扩展倍数成反比，通过降低光束的发散角，将光束的束腰位置（焦点位置）变换到加工所允许的范围内，从而提高激光光束的加工范围和有效焦深。

4）采用聚焦补偿

在加工系统的导光系统中，加入可控曲率或焦距的聚焦装置，对激光光束的聚焦进行自动补偿，从而保证在各点的聚焦性能稳定。

实现聚焦补偿的方法主要有如下两种。

（1）在导光系统中采用 F 轴浮动聚焦，即在垂直于工件表面的 z 轴上增加一个由控制系统自动控制的浮动聚焦头，自动地对聚焦。

（2）采用一组可变曲度的聚焦镜，通过控制聚焦镜的冷却剂的压力，有选择地改变聚焦镜的曲率，从而改变焦点位置的聚焦系统，改变光束直径，对焦点的偏移进行补偿，保证了在整个激光加工区域内焦点稳定。

任务 3 f-θ 聚焦物镜装调

 接受工作任务

【任务目标】

f-θ 聚焦物镜装调。

【任务要求】

(1) 完成固体激光器系统装调,正确出激光;
(2) 完成光路传输系统扩束镜装调及扩束能力测定;
(3) 完成振镜扫描系统装调;
(4) 完成聚焦物镜装调,测量 f-θ 聚焦物镜聚焦后的光斑直径。

 信息收集与分析

1. f-θ 聚焦物镜的结构和原理

如图 2-39 所示,对于一般的光学透镜,当一束准直激光射向透镜前的反射镜时,光束经过反射镜反射和透镜折射后聚焦于像面上,其理想像高 $y = f \cdot \tan\theta$,即像高 y 与入射角 θ 的正切成正比。

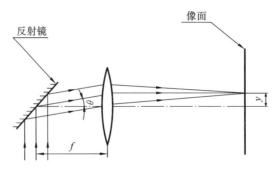

图 2-39 f-θ 聚焦物镜原理

在激光加工设备上,偏转角 θ 由伺服电动机带动形成,伺服电动机以等角速度偏转。以等角速度偏转的入射光束在焦面上的扫描速度怎样表述? 如表 2-9 所示。

表 2-9 光束移动计算

电动机偏转角度	光束的移动距离
$\theta_0 \sim \theta_1$	$Y_1 - Y_0 = f \times tn\theta_1 - f \times \tan\theta_0$
$\theta_1 \sim \theta_2$	$Y_2 - Y_1 = f \times \tan\theta_2 - f \times \tan\theta_1$
分析	设 $\theta_0 = 0°, \theta_1 = 30°, \theta_2 = 60°$ $Y_1 - Y_0 = f \times \tan30°$ $Y_2 - Y_1 = f \times \tan60° - f \times \tan30°$ $Y_1 - Y_0 \neq Y_2 - Y_1$

通过计算我们可以得知：

透镜用于激光扫描系统时，由于理想像高与扫描角之间不成线性关系，因此由伺服电动机以等角速度偏转形成在焦面上的扫描速度并不是常数，所以导致光斑光强不均。

为了实现等速扫描，应使聚焦透镜产生一定的负畸变，使它的实际像高变小并与扫描角 θ 成线性关系，为此必须将透镜设计成非球面镜或用两个及两个以上的球面镜片组代替。

所谓 $f\text{-}\theta$ 镜，就是经过严格设计，使像高与扫描角满足关系式 $y = f \cdot \theta$ 的镜头，因此 $f\text{-}\theta$ 镜又称线性镜头。

2. $f\text{-}\theta$ 聚焦物镜的特点

（1）对于单色光成像，像面为一平面，而且整个像面上像质一致，像差小，无渐晕存在。

（2）一定的入射光偏转速度对应着一定的扫描速度，因此可用等角速度的入射光实现线性扫描。

（3）入射光束的偏转位置一般置于物空间前面焦点处，像方主光线与光轴平行。可在很大程度上实现轴上、轴外像质一致，并提高照明均匀性。

3. $f\text{-}\theta$ 聚焦物镜的使用性能要求

1）扫描范围

镜头能扫描到的面积越大，当然越受使用者的欢迎。

但是如果一味的增加扫描面积，会带来很多的问题，如光斑变粗，失真加大，等等。

YAG 的场镜扫描范围不宜超过 200×200 mm，CO_2 的场镜扫描面积可更大些。

2）焦距（跟工作距离有一定关系，但是不等于工作距离）

（1）扫描范围跟场镜焦距成正比：扫描范围的加大，必然导致工作距离的加大。工作距离的加大，必然导致激光能量的损耗加大。

（2）聚焦后的光斑直径跟焦距成正比。这意味着当扫描面积达到一定的程度后，得到的光点直径很大，也就是说聚得不够细，激光的功率密度下降非常快（功率密度跟光斑直径的 2 次方成反比），不利于加工。

（3）由于 $f\text{-}\theta$ 场镜是利用 $y' = f \times \tan\theta$ 的关系来工作的，而实际的 θ 和 $\tan\theta$ 的值还是有区别的。而且随着焦距 f 的加大，失真程度将越来越大，如果控制系统中没有校正程序，标记出来的图案将会严重变形。

（4）如果既要幅面大又要光斑小，可用动态聚焦法解决。

如图 2-40 所示，在聚焦镜的前面加一个动态聚焦镜，当振镜将激光光束扫描远离原点后，通过改变动态聚焦镜的位置使这时的焦点仍然在工件的表面，则该处的光斑直径也和原点的光斑直径一样大。

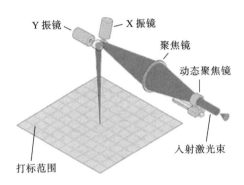

图 2-40　动态聚焦示意图

通过移动动态聚焦镜，使在所有的打标范围内的光斑直径一样大，并且光斑直径又小，这样就实现了小光斑、大范围、高速度的激光打标。

3）工作波长

目前市场上使用的多半是 1064 nm 和 10600 nm 两种波长的激光器。但是，随着将来激光器的发展，532 nm、355 nm 及 266 nm 的场镜也会有相应的应用。

4）振镜扫描架的设计

振镜扫描架的设计本来不属于场镜的问题范围，但是 X、Y 镜片间的距离，Y 镜片到场镜的距离跟场镜的使用状况都有很大的关系。

5）设计的像差和球差

像差和球差对场镜的焦深影响比较大，不能一味的为了减小像差和球差而减小，否则可能反而不适合在标刻领域的使用。

常用标准配置的透镜焦距 $f = 160$ mm，有效聚焦范围 $\Phi110$ mm；$f = 100$ mm，有效聚焦范围 $\Phi65$ mm。

用户可根据需要选配不同的型号。

4. $f\text{-}\theta$ 聚焦物镜的种类

1）双镜片 CO_2 激光 $f\text{-}\theta$ 镜

双镜片 CO_2 激光 $f\text{-}\theta$ 镜如图 2-41 所示。

2）单镜片 CO_2 激光 $f\text{-}\theta$ 镜

单镜片平场扫描镜的特点是扫描角度宽、扫描范围大、焦长短，能满足绝大多数标刻与雕刻工艺的需要。与同种用途的 $f\text{-}\theta$ 镜相比，结构简单，价格更低，因而可降低标刻或雕刻的成本，如图 2-42 所示。

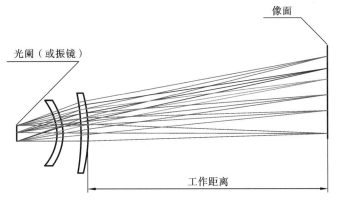

图 2-41   双镜片 CO_2 激光 $f\text{-}\theta$ 镜

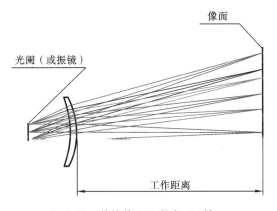

图 2-42   单镜片 CO_2 激光 $f\text{-}\theta$ 镜

3）三镜片 YAG 激光 $f\text{-}\theta$ 镜

三镜片 YAG 激光 $f\text{-}\theta$ 镜如图 2-43 所示。

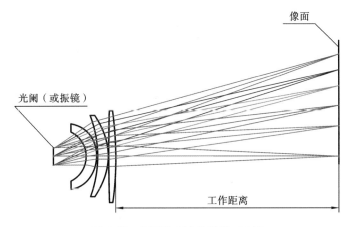

图 2-43   三镜片 YAG 激光 $f\text{-}\theta$ 镜

制定工作计划

聚焦物镜装调任务的工作计划如表 2-10 所示。

表 2-10   工作计划表

步骤	工作内容	备注
1	完成聚焦物镜装调	
2	测量 $f\text{-}\theta$ 聚焦物镜聚焦后的光斑直径	

 任务实施

实验 $f\text{-}\theta$ 聚焦物镜装调,完成以下工作记录。

（1）调出理想激光光斑,打出光斑图样（至少有一条直线）,测量 $f\text{-}\theta$ 聚焦物镜聚焦后的光斑直径。

（2）根据实训结果完成测量报告,完成工作记录表 2-11。

表 2-11   工作记录表

	聚焦物镜 1	聚焦物镜 2
焦距		
最小光斑直径		
有效加工范围		
结论		

（3）记录在显微镜下观察到的光斑图样。

知识拓展

激光光路设计实例

1. 聚焦透镜的焦距的选择

固体激光器的总效率一般都小于 10%，为了减少激光聚焦系统的损耗，在激光加工过程中，一般都尽可能采用单透镜来对激光光束进行聚焦。

激光加工工艺对聚焦光斑半径和聚焦深度总是有确定的要求。

那么，在一台固体激光器输出的高斯光束中，应该如何选取聚焦透镜的焦距并确定其位置呢？参看图 2-44，谐振腔确定后，则激光光束的束腰半径 w_{10} 就确定了。

根据高斯光束的传播规律，若聚焦透镜的焦距为 f，要想得到符合加工工艺要求的聚焦光斑半径 w_{20}，则透镜离束腰 c_{10} 的距离 d_1 和激光焦点离透镜的距离 d_2 分别为

$$d_1 = f + \frac{w_{10}}{w_{20}}\sqrt{f^2 - f_0^2} \tag{2-29}$$

$$d_2 = f + \frac{w_{20}}{w_{10}}\sqrt{f^2 - f_0^2} \tag{2-30}$$

式中，

$$f_0 = \frac{\pi w_{10} w_{20}}{\lambda} \tag{2-31}$$

由式(2-29)和式(2-30)两式可知，聚焦透镜的焦距 f 一定要大于 f_0。

f_0 称为聚焦光斑和高斯光束的束腰半径相匹配的"特征长度"。

在 f 选定以后，d_1 值由式(2-29)确定。

但是，能满足 w_{20} 要求的，有许多组 (f, d_1) 值，究竟哪一组 (f, d_1) 值较合理，则可根据聚焦深度的要求由式(2-30)和式(2-31)两式确定。

2. 激光光路计算实例

在脉冲激光焊接、激光打孔、激光划片和激光微调等微型件的激光精密加工中，单次脉冲能量要求不太高，一般采用 YAG 激光器，并且以 TEM$_{00}$ 基模输出，如图 2-44 所示。最好选用凸凹型腔，其参数满足对激光棒热效应不灵敏的条件

$$g_1 \cdot g_2 = \frac{1}{2} \tag{2-32}$$

若取 $g_2 = 3$，则 $g_1 = 0.17$。若取 $R_2 = -330$ mm，则可得

$$g_1 = 0.17 = 1 - \frac{L}{R_1}, \qquad g_2 = 3 = 1 - \frac{L}{R_2}$$

可以算出：$R_1 = 795$ mm，$L = 660$ mm。对于固体激光器，L 实际上是等效腔长。设固体激光棒长为 l，折射率为 n，两面反射镜的几何距离为 L'，则有

$$L = L' + (nl - l) \tag{2-33}$$

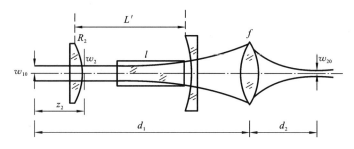

图 2-44　激光光路

由式(2-18)可算出凸凹反射镜面上,高斯光束的光斑半径为

$$w_2 = \frac{\lambda L}{\pi} \left[\frac{g_1}{g_2(1-g_1 g_2)} \right]^{1/2}$$

代入上述数据得

$$w_2 = 0.27 \text{ mm}$$

此时,输出反射镜面上的光斑半径为

$$w_1 = \frac{\lambda L}{\pi} \left[\frac{g_2}{g_1(1-g_1 g_2)} \right]^{1/2}$$

代入数据可得

$$w_1 = 1.14 \text{ mm}$$

根据式(2-30)的条件要求,激光棒放置在靠近凹面镜一端,为了以激光棒端面作为激光衍射口径,选取基模 TEM_{00},应计算出 TEM_{10} 模在衍射口径处的光斑半径,从而可查得

$$w_1^{[1,0]} = 1.5 w_1^{[0,0]} = 1.5 \times 1.14 \text{ mm} = 1.71 \text{ mm}$$

若要使激光器以 TEM_{00} 基模输出,则激光棒的直径应为 3.4 mm。当然,在一些要求基模 TEM_{00} 输出的激光加工中,为了得到较高的能量和功率,激光棒的口径可以选择稍大一些。

在激光振荡放大过程中,在谐振腔的反射镜面上,高斯光束的曲率半径一定等于反射镜表面的曲率半径。所以,将凸面反射镜的曲率半径 R_2 和光斑半径 w_2 代入下列两式,即可求出高斯光束的"束腰"位置 z_2 和"束腰半径" w_{10} 为

$$w_{10}^2 = w_2^2 \left[1 + \left(\frac{\pi w_2^2}{\lambda R_2} \right)^2 \right]^{-1}, \quad z_2 = R_2 \left[1 + \left(\frac{\lambda R_2}{\pi w_2^2} \right)^2 \right]^{-1}$$

经计算得:

$$w_{10} = 0.23 \text{ mm}, \quad z_2 = -99.4 \text{ mm}$$

计算结果说明,高斯光束的"束腰"在凸面反射镜的左方、其距离为 99.4 mm 的位置,如图 2-44 所示。

在激光微型加工工艺中,若要求聚焦光斑直径为 0.1 mm,即 $w_{20} = 0.05$ mm,聚焦深度较深,约为 5.0 mm,则聚焦透镜的焦距应大于式(2-31)匹配的特征长度,即

$$f_0 = \frac{\pi w_{10} w_{20}}{\lambda} \approx 34 \text{ mm}$$

可见,透镜的焦距应大于 34 mm。为了得到较深的聚焦深度,应取长焦距的透镜。设透镜焦距为 150 mm,则透镜的位置应由式(2-29)确定为

$$d_1 = f + \frac{w_{10}}{w_{20}} \sqrt{f^2 - f_0^2} \approx 882 \text{ mm}$$

计算出的 d_1 应大于 $z_1 + L$。激光焦点位置可由式(2-30)确定。以上计算结果是理论上的数值。实际器件的参数,由于受许多因素的影响,往往与理论值有差别,所以上述计算仅作为参考。

3. 几种特殊的聚焦系统

图 2-45 所示的是一台激光打孔机的光学系统图,聚焦系统采用的是单块透镜。

某些加工工艺要求在一个圆周上分别打孔,或进行点焊。此时可将聚焦透镜旋转,如图 2-46 所示。透镜绕光轴旋转,激光经过透镜 L_1 位置入射时,聚焦于 F_1;经过 L_2 位置时,聚焦于 F_2。最后聚焦光斑分布在一圆周上。

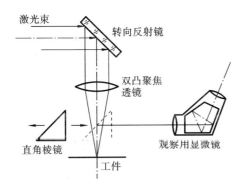
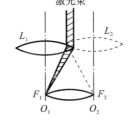

图 2-45　激光打孔机的光学系统图　　　　图 2-46　聚焦透镜旋转示意图

对于手提式的激光焊接机,可以采用光导纤维(纤维输出端磨成球面)来传输激光,对激光进行聚焦。

4. 激光加工设备的观察系统

在激光加工中,需要一个清晰的观察系统。

观察系统的作用是观察加工工件的配合状况;使激光光束准确地对准被加工部位;监视激光加工过程;观察加工成形质量。因为激光聚焦光斑都在零点几毫米范围内,故观察对准系统可采用数十倍的显微放大系统、屏幕显示系统或闭路电视系统。

图 2-47 所示的是一台激光微型焊接机的光路系统示意图,其优点是激光光路与瞄准光路同轴,对准精度高,光学元件布置紧凑;其缺点是激光光束的聚焦透镜就是观察系统的物镜。这样对观察系统来说,成像质量、视场范围和放大倍率都受到了限制。

对激光加工工艺来说,透镜不能更换,聚焦光斑尺寸和聚焦深度的调整范围均受到限制,该系统只适用于专用激光加工机。

图 2-48 所示的是另一种典型的激光加工机的显微镜观察系统。此系统的优点是聚焦系统和观察系统分开,聚焦透镜可以根据工艺要求进行更换。显微镜系统可以上下移动调焦,具有观察清晰、瞄准精度高等优点。

图 2-49 所示的是激光划片机的光路系统。在加工过程中,可以在投影屏上观察和监视

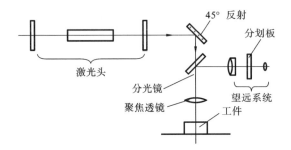

图 2-47　激光微型焊接机的光路系统示意图

划片质量。较先进的激光加工机采用闭路电视作为观察和监视系统。

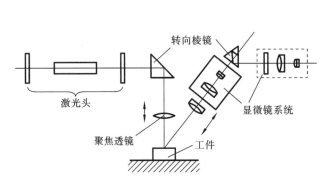

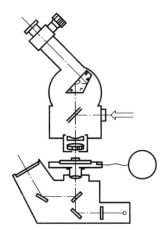

图 2-48　典型的激光加工机的显微镜观察系统　　　图 2-49　激光划片机的光路系统

项 目 考 核

"项目二　光路传输系统装调"考核标准与评分表，见表 2-12。

表 2-12　"项目二　光路传输系统装调"考核标准与评分表

考核环节	考核内容和要求	配分	扣分及备注	得分
职业素养	(1) 遵守实训室管理规定和劳动纪律； (2) 工服穿戴规范； (3) 注重现场清洁，完成清理； (4) 爱护实训设备，所有元器件完好无损； (5) 工作中无出现违反安全防护的情况。 违反 1~3 项，每项扣 5 分；违反 4~5 项，每项扣 10 分；分数扣完为止	10		
工作准备	完成"项目一 灯泵浦 YAG 激光器装调"的相关内容： (1) 在激光器出光口正确出激光，光斑质量高(5 分)； (2) 在激光器出光口正确出激光，光斑质量一般(3 分)； (3) 在激光器出光口不出激光(0 分)。 (4) 操作规范(5 分)； (5) 操作部分规范(2 分)； (6) 操作不规范(0 分)	10		
工作过程	扩束镜装调： (1) 结果正确，操作规范(10 分)； (2) 结果正确，操作不规范(5 分)； (3) 无结果(0 分)	10		
	扩束镜扩束能力测定： (1) 结果正确，操作规范(10 分)； (2) 结果正确，操作不规范(5 分)； (3) 无结果(0 分)。 结果记录：	10		

续表

考核环节	考核内容和要求	配分	扣分及备注	得分
工作过程	聚焦物镜装调及聚焦能力测定: (1) 结果正确,操作规范(5分); (2) 结果正确,操作不规范(3分); (3) 无结果(0分)。 聚焦镜焦距:_____(5分); 打标范围:_____(5分); 聚焦线宽:_____(5分)。	20		
	光学镜片的防护与清洗: (1) 结果正确,操作规范(5分); (2) 结果正确,操作不规范(3分); (3) 无结果(0分)。	5		
工作结果	通电测试,在工作台上获得理想激光光斑: (1) 在工作台上一次调出圆形激光光斑(20分); (2) 在工作台上二次调出圆形激光光斑(10分); (3) 在工作台上三次调出圆形激光光斑(5分); (4) 不能调出圆形光斑(0分)。	20		
	激光功率或能量测试: (1) 结果正确,操作规范(5分); (2) 结果正确,操作不规范(3分); (3) 无结果(0分)。	5		
检测与评估	项目实施过程总结: (1) 结果正确,总结内容完整清晰(10分); (2) 结果正确,总结内容部分完整(8分); (3) 结果不正确,总结内容完整(6分); (4) 结果不正确,总结内容部分完整(4分); (5) 无汇报(0分)	10		
合计		100		

备注:
(1) 在工作中,要懂得激光及用电安全防护,如出现严重违章操作,应立即终止操作,总成绩扣50分;
(2) 工作过程如出现弄虚作假的情况,总成绩扣50分;
(3) 工作结果如出现弄虚作假的情况,总成绩扣50分;
(4) 职业素养中的考核内容出现不及格,除扣除配分外,要求必须改正

参 考 文 献

[1] 陈鹤鸣,赵新彦,汪静丽.激光原理及应用[M].4 版.北京:电子工业出版社,2022.

[2] 陈毕双,牛增强.激光焊接机装调知识与技能训练[M].武汉:华中科技大学出版社,2018.

[3] 刘波,徐永红.激光加工设备理实一体化教程[M].武汉:华中科技大学出版社,2014.

[4] 陈家碧,彭润玲.激光原理与技术[M].北京:电子工业出版社,2013.

[5] 孙智娟.线阵 CCD 智能检测方法及其传感器研究[D].汕头:汕头大学,2002.

[6] 孙智娟.一种激光加工设备[P].中国专利:CN202121793756.8,2021,12,24.

[7] 孙智娟. 一种带有光路检测装置的激光机及其安装方法[P].中国专利:CN201410329749.0,2017,07,14.

[8] 孙智娟.一种激光机光路检测装置[P].中国专利:CN201420382681.8,2015,01,21.

[9] 杨晟.激光机装调工国家职业标准研究与探讨[J].新课程研究(中旬刊),2016,(05):10-12.

[10] 李慧珍,刘张飞,王国聪,等.激光主动探测拼接光学系统的装调设计[J].应用光学,2020,41(05):879-884.

[11] 崔锦江,宁永强,姜琛昱,等.大功率垂直腔底发射半导体激光器的光束质量[J].中国激光,2011,38(01):12-18.

[12] 候彦超,傅喜泉,刘辉,等.脉冲激光小尺度自聚焦过程中不同空间位置的时间演变研究[J].中国激光,2011,38(03):80-84.

[13] 中华人民共和国国家标准,国家标准化管理委员会.GB/T 13842-2017 掺钕钇铝石榴石激光棒[S].北京:国家标准出版社,2017.

[14] 深圳市联赢激光股份有限公司.UW 联赢激光光学台加工作业指导书.2016.

[15] 武汉天之逸科技有限公司.TIANYI 天逸激光产品使用说明书.2016.

目　　录

项目一　固体激光器装调

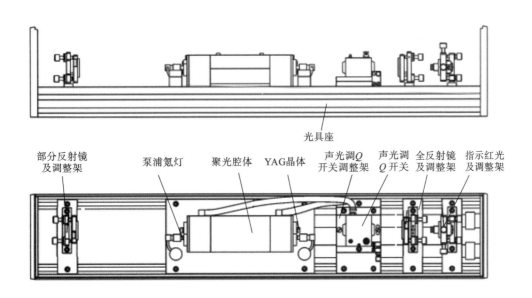

光具座

部分反射镜　　泵浦氪灯　聚光腔体　YAG晶体　声光调Q　声光调　全反射镜　指示红光
及调整架　　　　　　　　　　　　　　开关调整架　Q开关　及调整架　及调整架

任务 1 识别固体激光器

 任务目标

识别固体激光器。

 任务要求

(1) 能识别固体激光器;

(2) 能识别固体激光器光路系统;

(3) 能识别固体激光器及各组成器件;

(4) 能掌握固体激光器各组成器件的结构;

(5) 能掌握固体激光器各组成器件的功能;

(6) 能掌握固体激光器各组成器件的位置关系;

(7) 能绘制固体激光器系统的组成示意图。

 任务实施方案(小组序号:_____)

填写识别固体激光器任务实施方案表 1-1。

表 1-1 任务实施方案表

序号	工作内容	备注

续表

序号	工 作 内 容	备注

 **工作记录**

以实训室现有的激光设备为例,完成以下工作记录。

(1)识别激光设备及其工作参数,完成工作记录表 1-2。

表 1-2   工作记录表

序号	工作内容	工作记录	
		NO.1-NO.6	NO.7-NO.12
1	激光设备名称		
2	激光设备型号		
3	激光设备工作介质		
4	激光波长		
5	激光功率(输出功率)		
6	调制频率		
7	出光方式		
8	供电电源		
9	输入功率		
10	冷却系统		
11	内循环介质		

（2）识别激光设备光路系统，完成工作记录表 1-3。

表 1-3 工作记录表

序号	工 作 内 容	工 作 记 录
1	激光设备光路系统的组成	
2	激光设备光路系统的功能	

（3）识别固体激光器，完成工作记录表 1-4。

表 1-4 工作记录表

序号	工 作 内 容	工 作 记 录
1	激光器的名称	
2	激光器的类型	
3	激光器安全等级	
4	激光器激励能源	
5	激光器连续工作时间	
6	固体激光器系统各组成器件及其功能	
7	激光器各组成器件的位置关系	

序号	工 作 内 容	工 作 记 录
8	绘制固体激光器的组成示意图,要求如下: (1)在图上标识各部件的名称; (2)在图上体现出各部件的位置关系; (3)指出聚光腔和光学谐振腔。	

（4）了解激光设备的开机和关机,完成工作记录表 1-5。

表 1-5 工作记录表

序号	工作内容	工作记录
1	激光设备的开机	
2	激光设备的关机	

工作后思考

(1) 部分反射镜和全反射镜应分别在激光器的什么位置?

_____

_____

_____

_____

(2) 部分反射镜和全反射镜的工作原理有何不同?

_____

_____

_____

_____

(3) 如何判别部分反射镜和全反射镜?

_____

_____

_____

_____

(4) 针对所绘制的激光器系统的组成示意图,指出激光器系统产生激光的三要素。

_____

_____

_____

_____

(5) 激光器系统各组成部分有怎样的位置关系?

_____

_____

_____

_____

(6) 分析固体激光器系统各器件及其对应功能,并填写表1-6。

表 1-6 器件名称及功能介绍

序号	器 件 名 称	功 能 介 绍
1		
2		
3		
4		
5		
6		
7		
8		
9		

任务 2　固体激光器基准光源装调

 任务目标

固体激光器基准光源装调。

 任务要求

（1）能掌握基准光源在激光器系统中的作用；
（2）能识别激光打标机红光指示器；
（3）能掌握基准光源装调要求；
（4）能掌握基准光源装调原理；
（5）能掌握基准光源装调步骤；
（6）能正确装调激光打标机红光指示器；
（7）能检查与评估基准光源装调质量。

 任务实施方案（小组序号：_____）

填写固体激光器基准光源装调任务实施方案表 1-7。

表 1-7　任务实施方案表

序号	工 作 内 容	备注

续表

序号	工 作 内 容	备注

 **工作记录**

实施固体激光器基准光源装调任务,完成工作记录表1-8。

表 1-8　工作记录表

序号	工作内容	工 作 记 录		
1	识别基准光源	基准光源名称		
		基准光源包含零部件		
		基准光源描述	波　　长	
			输出功率	
			工作电压	
			工作电流	
			工作温度	
			储存温度	
			光斑直径	
			光斑焦聚	
			运转方式	
			输出波段范围	
			激光管寿命	
			连续工作时间	

序号	工作内容	工作记录	
2	装调 基准光源	装调要求	
		装调原理	
		装调步骤	
3	任务检测 与评估	红光指示 器装调质 量检测与 评估内容	

工作后思考

（1）分别调节图 1-1 所示的指示红光调节架上的 1~4 号调节螺钉，移动 5 号、6 号沉孔，指示红光出射光斑将如何移动？

图 1-1　激光打标机红光指示器调整架

_____

_____

_____

_____

（2）如何判断基准光源是否装调成功？

_____

_____

_____

_____

任务 3 固体激光器聚光腔体装调

 任务目标

固体激光器聚光腔体装调。

 任务要求

（1）能掌握聚光腔在固体激光器系统中的作用；

（2）能掌握固体激光器聚光腔体的结构；

（3）能掌握固体激光器聚光腔体的类型和截面形状；

（4）能正确清洁固体激光器聚光腔体；

（5）能正确装调固体激光器聚光腔体；

（6）能检验与评估固体激光器聚光腔体装调质量。

 任务实施方案（小组序号：＿＿＿＿）

填写固体激光器聚光腔体装调任务实施方案表 1-9。

表 1-9 任务实施方案表

序号	工 作 内 容	备注

序号	工 作 内 容	备注

 **工作记录**

实施固体激光器聚光腔体装调,完成工作记录表 1-10。

表 1-10 工作记录表

序号	工作内容		工 作 记 录
1	认识固体激光器聚光腔	聚光腔功能	
		聚光腔类型	
		聚光腔腔型结构	
		聚光腔截面形状	
		聚光腔材料	
		聚光腔反射表面	
2	聚光腔的清洁	清洁内容	
		清洁工具	
		聚光腔体内表面的清洁方法	

续表

序号	工作内容	工 作 记 录	
3	固体激光器聚光腔的装调	聚光腔装调要求	
		聚光腔装调原理	
		聚光腔装调步骤	
4	任务检验与评估	固体激光器聚光腔装调质量检测与评估内容	

工作后思考

(1) 什么是灯、棒焦上放置和焦外放置？它们各有什么优缺点？

_____

_____

_____

_____

(2) 根据图 1-2 填写单椭圆柱聚光腔结构参数说明表 1-11。

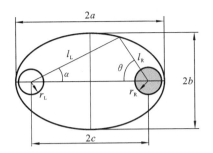

图 1-2 单椭圆柱聚光腔结构

表 1-11 参数说明

符号	含　义	备注
a		
b		
c		
e		
l_L		
l_R		
r_L		
r_R		
θ		
α		

（3）如何判断聚光腔是否装调成功？

_____

_____

_____

_____

_____

（4）实操中遇到什么问题，你是如何解决的？

_____

_____

_____

_____

_____

任务 4　固体激光器工作物质装调

 任务目标

固体激光器工作物质装调。

 任务要求

（1）能正确识别固体激光器工作物质；

（2）能正确清洁固体激光器工作物质；

（3）能正确装调固体激光器工作物质；

（4）能检验和评估固体激光器工作物质装调质量。

 任务实施方案（小组序号：_____）

填写固体激光器工作物质装调作务实施方案表 1-12。

表 1-12　任务实施方案表

序号	工 作 内 容	备注

续表

序号	工 作 内 容	备注
		续表

 **工作记录**

实施固体激光器工作物质装调,完成工作记录表1-13。

表 1-13　工作记录表

序号	工作内容	工 作 记 录	
1	认识固体激光器工作物质(YAG棒)	基质材料	
		名　称	
		YAG棒外部形状	
		YAG棒直径	
		YAG棒长度	
		评价YAG棒质量的主要因素	
2	清洁固体激光器工作物质	清洁内容	
		清洁工具	
		清洁方法	

续表

序号	工作内容		工 作 记 录
3	装调固体激光器工作物质	工作物质装调要求	
		工作物质装调原理	
		工作物质装调步骤	
4	检验和评估固体激光器工作物质装调质量		

工作后思考

固体激光器工作物质装调时要注意哪些问题？

_____

_____

_____

_____

任务5 固体激光器泵浦光源装调

任务目标

固体激光器泵浦光源装调。

任务要求

(1) 能正确识别固体激光器泵浦光源;

(2) 能正确清洁固体激光器泵浦光源;

(3) 能正确装调固体激光器泵浦光源;

(4) 能检验和评估固体激光器泵浦光源装调质量。

任务实施方案(小组序号:_____)

填写固体激光器泵浦光源装调任务实施方案表1-14。

表 1-14 任务实施方案表

序号	工 作 内 容	备注

续表

序号	工 作 内 容	备注

 **工作记录**

实施固体激光器泵浦光源装调，完成工作记录表1-15。

表1-15　工作记录表

序号	工作内容	工 作 记 录	
1	认识固体激光器泵浦光源	泵浦光源应当满足的两个基本条件	
		常见的固体激光器泵浦光源	
		实训设备采用泵浦光源	
2	清洁固体激光器泵浦光源	泵浦光源清洁方法	
3	装调固体激光器泵浦光源	装调步骤	

序号	工作内容	工 作 记 录
4	检验和评估固体激光器泵浦光源装调质量	

工作后思考

（1）如何进行激光器泵浦光源的装调？

_____

_____

_____

（2）固体激光器泵浦光源安装时要注意哪些问题？

_____

_____

_____

_____

（3）激光器泵浦光源安装完成后，如何判断安装是否正确？

_____

_____

_____

_____

（4）激光器泵浦光源的装调与工作物质的装调有什么区别？

_____

_____

_____

_____

任务 6　固体激光器光学谐振腔系统装调

任务目标

固体激光器光学谐振腔系统装调。

任务要求

（1）能正确进行固体激光器光学谐振腔系统装调前的器件检验；

（2）能正确判断全反射镜片和部分反射镜片；

（3）能正确判断全反射镜片和部分反射镜片的镀膜面和非镀膜面；

（4）能正确清洗全反射镜片和部分反射镜片；

（5）能正确安装与调整反射镜；

（6）能正确进行固体激光器光学谐振腔系统的装调；

（7）能满足固体激光器光学谐振腔系统装调要求，使 YAG 晶体、全反射镜片、部分反射镜片、指示红光及扩束镜的中心同轴，并分别与光具座垂直；

（8）通电测试，固体激光器正确出激光。

任务实施方案(小组序号：_____)

填写固体激光器光学谐振腔系统装调任务实施方案表 1-16。

表 1-16　任务实施方案表

序号	工 作 内 容	备注

续表

序号	工 作 内 容	备注

 **工作前准备**

（1）查阅相关资料，填写表 1-17。

表 1-17　知识准备

谐振腔的组成		
光学谐振腔的英文		
谐振腔的种类	稳定腔	
	非稳定腔	
	临界腔	
谐振腔的 主要功能		

（2）查阅相关资料，简述固体激光器光学谐振腔系统装调的实施步骤。

_____
_____
_____
_____
_____
_____
_____
_____
_____
_____
_____

 **工作记录**

实施固体激光器光学谐振腔系统装调任务,完成工作记录表 1-18。

表 1-18 工作记录表

序号	工作内容		工作记录
(一)装调前的器件检验	1. 全反射镜片	(1) 找出全反射镜片	
		(2) 观察外观状况	
		(3) 全反射镜片的直径	
		(4) 全反射镜片的厚度	
		(5) 全反射镜片的材料	
		(6) 全反射镜片的反射率	
		(7) 全反射镜片的镀膜面	
	2. 部分反射镜片	(1) 找出部分反射镜片	
		(2) 观察外观状况	
		(3) 部分反射镜片的直径	
		(4) 部分反射镜片的厚度	
		(5) 部分反射镜片的材料	
		(6) 部分反射镜片的反射率	
		(7) 部分反射镜片的镀膜面	
	3. 反射镜	(1) 调整架的维数	
		(2) 观察外观状况	
		(3) 反射镜主要部件	
		(4) 反射镜包含部件是否齐全?	
		(5) 镜片与镜架的初始状态	
		(6) 部件是否完好可调?	
		(7) 初调内容	
		(8) 如何将镜片正确安装到调整架上?	

续表

序号	工作内容			工 作 记 录
(一) 装调前的器件检验	4. 如何判断反射镜片的镀膜面?			
	5. 安装前,反射镜片是否需要清洗?如是,如何清洗?			
	6. 谐振腔装调时,全反射镜和部分反射镜应分别位于光具座的什么位置?			
	7. 谐振腔装调时,全反射镜片和部分反射镜片的镀膜面应分别位于谐振腔的什么位置?			
	8. 如何正确安装镜片到调整架?			
(二) 固体激光器光学谐振腔系统装调	1. 激光器的结构和功能	(1) 激光工作介质		
		(2) 激光激励能源		
		(3) 谐振腔腔长		
		(4) 谐振腔类型	按反射镜的形状区分	
			按几何损耗区分	
		(5) 激光波长		
		(6) 激光功率		
		(7) 激光出光方式 (连续或脉冲)		
		(8) 供电电源		
		(9) 冷却系统		
		(10) 内循环介质		

序号	工作内容		工作记录
（二）固体激光器光学谐振腔系统装调	2. 装调要求		
	3. 装调步骤		
（三）任务检测与评估	1. 通电测试	（1）如何判断激光器是否出激光？	
		（2）开启激光电源，电流调至合适值，能够正常出激光	
		（3）开启激光电源，电流调至合适值，不能正常出激光	
	2. 小组工作汇报		汇报提纲： （1）工作结果； （2）工作中遇到的问题和解决方案。

工作总结

（1）总结完成此任务中学到的固体激光器光学谐振腔系统装调方法。

_____
_____
_____
_____
_____
_____
_____
_____

（2）总结固体激光器光学谐振腔系统装调中出现的问题和解决方法。

_____
_____
_____
_____
_____
_____
_____
_____

（3）固体激光器光学谐振腔系统装调后，开启激光电源，电流调至合适值，如不能够正常出激光，可能的原因有哪些？

_____
_____
_____
_____
_____
_____
_____
_____

考核标准与评分表

固体激光器光学谐振腔系统装调任务的考核标准与评分表,见表 1-19。

表 1-19 考核标准与评分表

考核环节	考核内容和要求	配分	扣分记录及备注	得分
职业素养	(1) 完成课前预习,清楚工作任务和操作流程(2 分); (2) 遵守实训室管理规定和劳动纪律(2 分); (3) 工服穿戴规范(2 分); (4) 爱护实训设备(2 分); (5) 注重清场清洁(2 分)	10		
	(1) 安全意识:工作中无出现违反安全防护的情况(4 分)。 (2) 成本意识:所有元器件完好无损(3 分)。 (3) 团队合作意识:小组分工,团队协作(3 分)	10		
工作过程	全反射镜片和部分反射镜片的判断: (1) 有结果,结果正确(5 分); (2) 无结果,但认真操作并积极寻找失败原因(3 分); (3) 无结果,不积极讨论寻找原因(0 分)	5		
	全反射镜片和部分反射镜片镀膜面的判断: (1) 有结果,结果正确(5 分); (2) 无结果,但认真操作并积极寻找失败原因(3 分); (3) 无结果,不积极讨论寻找原因(0 分)	5		
	全反射镜片和部分反射镜片的清洗: (1) 结果正确,操作规范(5 分); (2) 结果正确,操作不规范(3 分); (3) 无结果(0 分)	5		
	基准光源装调: (1) 结果正确,操作规范(5 分); (2) 结果正确,操作不规范(3 分); (3) 无结果(0 分)	5		
	全反射镜安装正确: (1) 位置正确(5 分); (2) 方向正确(5 分)	10		
	部分反射镜安装正确: (1) 位置正确(5 分); (2) 方向正确(5 分)	10		

续表

考核环节	考核内容和要求	配分	扣分记录及备注	得分
工作结果	通电测试： (1) 通电源,一次成功(10分)； (2) 二次通电源,成功(8分)； (3) 二次通电源,不成功,但认真操作并积极寻找失败原因(6分)； (4) 二次通电源,不成功,不积极讨论寻找原因(0分)	10		
	小组汇报： (1) 结果正确,总结完整清晰(10分)； (2) 结果正确,总结内容部分完整(8分)； (3) 结果不正确,总结内容完整(6分)； (4) 结果不正确,总结内容部分完整(4分)； (5) 无汇报(0分)	10		
工作页	工作准备： (1) 有完成,答案正确(5分)； (2) 有完成,答案部分正确,酌情扣分(1~4分)； (3) 没完成(0分)	5		
	工作记录： (1) 有完成,答案正确(10分)； (2) 有完成,答案部分正确,酌情扣分(1~9分)； (3) 没完成(0分)	10		
	工作后思考： (1) 有完成,答案正确(5分)； (2) 有完成,答案部分正确,酌情扣分(1~4分)； (3) 没完成(0分)	5		
合计		100		

备注：

(1) 工作中,要懂得激光及用电安全防护,如出现严重违章操作,应立即终止操作,总成绩为0分。

(2) 工作过程如出现弄虚作假的情况,总成绩为0分。

(3) 工作结果如出现弄虚作假的情况,总成绩为0分。

(4) 工作过程中因个人操作不当造成元器件破损,原价赔偿。

任务 7　激光功率及光束质量测试

任务目标

（1）制作打光斑用的黑相纸；

（2）观察、调整，获得理想激光光斑；

（3）激光功率及光束质量测试。

任务要求

（1）工具材料准备完整正确；

（2）操作过程规范正确；

（3）正确进行固体激光器光学谐振腔系统装调前的器件检验；

（4）满足固体激光器光学谐振腔系统装调要求，使 YAG 晶体、全反射镜片、部分反射镜片与指示红光中心同轴，并分别与光具座垂直；

（5）通电测试，黑相纸能够正常使用；

（6）通电测试，固体激光器正确出激光；

（7）观察、调整，获得理想激光光斑；

（8）正确完成激光功率及光束质量测试。

任务实施方案（小组序号：＿＿＿＿＿）

填写激光功率及光束质量测试任务实施方案表 1-20。

表 1-20　任务实施方案表

序号	工作内容	备注

续表

序号	工 作 内 容	备注
		续表

 **工作记录**

实施激光功率及光束质量测试,完成工作记录表1-21。

表 1-21　工作记录表

工作任务	工作内容	工 作 记 录
（一）制作打光斑用黑相纸	1. 材料工具准备	
	2. 工作过程	
	3. 工作结果检测与评估（如何评价完成的黑相纸的质量）	
	4. 实施中遇到的问题和解决问题的方法	
（二）观察、调整,获得理想激光光斑	1. 理想激光光斑	
	2. 实际激光光斑	
	3. 如何调整获得理想激光光斑	

续表

工作任务	工作内容	工作记录
(二)观察、调整,获得理想激光光斑	4. 实施中遇到的问题和解决问题的方法	
(三)激光功率及光束质量测试	1. 激光功率记录	
	2. 激光功率结果分析	
	3. 激光能量记录	
	4. 激光能量结果分析	

工作后思考

(1) 哪些情况可能导致黑相纸制作失败?

_____

_____

_____

_____

_____

（2）如何调整获得理想的激光光斑？

_____

_____

_____

_____

（3）如何提高激光的输出功率或输出能量？

_____

_____

_____

_____

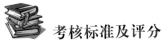 **考核标准及评分**

激光功率及光束质量测试考核标准及评分表，见表1-22。

表 1-22　考核标准及评分表

考核 环节	考核内容和要求	配分	扣分记录 及备注	得分
职业 素养	（1）完成课前预习，清楚工作任务和操作流程（2分）； （2）遵守实训室管理规定和劳动纪律（2分）； （3）工服穿戴规范（2分）； （4）爱护实训设备（2分）； （5）注重清场清洁（2分）	10		
	（1）安全意识：工作中无出现违反安全防护的情况（4分）； （2）成本意识：所有元器件完好无损（3分）； （3）团队合作意识：小组分工，团队协作（3分）	10		
工作 过程	黑白相纸在阳光下完全曝光： （1）有结果，结果正确（5分）； （2）无结果，但认真操作并积极寻找失败原因（3分）； （3）无结果，不积极讨论寻找原因（0分）	5		
	将完全曝光的相纸放入显影液中显影，漂洗： （1）有结果，结果正确（5分）； （2）无结果，但认真操作并积极寻找失败原因（3分）； （3）无结果，不积极讨论寻找原因（0分）	5		

考核环节	考核内容和要求	配分	扣分记录及备注	得分
工作过程	将已经显影的相纸放入定影液中定影,漂洗: (1) 结果正确,操作规范(5分); (2) 结果正确,操作不规范(3分); (3) 无结果(0分)	5		
	水洗相片: (1) 结果正确,操作规范(5分); (2) 结果正确,操作不规范(3分); (3) 无结果(0分)	5		
	上光、干燥: (1) 结果正确,操作规范(5分); (2) 结果正确,操作不规范(3分); (3) 无结果(0分)	5		
	相纸的保存: (1) 结果正确,操作规范(5分); (2) 结果正确,操作不规范(3分); (3) 无结果(0分)	5		
工作结果	通电测试: (1) 一次通电源,成功(10分); (2) 二次通电源,成功(8分); (3) 二次通电源,不成功,但认真操作并积极寻找失败原因,三次通电源,成功(5分); (4) 二次通电源,不成功,不积极讨论寻找原因(0分)	10		
	调整获得理想激光光斑: (1) 一次成功(10分); (2) 二次成功(8分); (3) 三次成功(5); (4) 不成功(0分)	10		

考核环节	考核内容和要求	配分	扣分记录及备注	得分
工作结果	激光功率及光束质量测试 (1) 结果正确,操作规范(5分); (2) 结果正确,操作不规范(3分); (3) 无结果(0分)	5		
	小组汇报: (1) 结果正确,总结完整清晰(10分); (2) 结果正确,总结内容部分完整(8分); (3) 结果不正确,总结内容完整(6分); (4) 结果不正确,总结内容部分完整(4分); (5) 无汇报(0分)	10		
工作页	工作准备: (1) 有完成,答案正确(5分); (2) 有完成,答案部分正确,酌情扣分(1~4分); (3) 没完成(0分)	5		
	工作记录: (1) 有完成,答案正确(5分); (2) 有完成,答案部分正确,酌情扣分(1~4分); (3) 没完成(0分)	5		
	工作思考: (1) 有完成,答案正确(5分); (2) 有完成,答案部分正确,酌情扣分(1~4分); (3) 没完成(0分)	5		
合计		100		

备注:
(1) 在工作中,要懂得激光及用电安全防护,如出现严重违章操作,应立即终止操作,总成绩为0分。
(2) 工作过程如出现弄虚作假的情况,总成绩为0分。
(3) 工作结果如出现弄虚作假的情况,总成绩为0分。
(4) 工作过程中因个人操作不当造成元器件破损,原价赔偿

任务 8　固体激光器调 Q 模块装调

任务目标

固体激光器调 Q 模块装调。

任务要求

（1）调出激光：Q 模块装调前，通电测试，固体激光器正确出激光。

（2）装 Q 开关：关闭激光电源，将声光架用螺钉固定好，使指示光从声光 Q 开关窗口中心通过。

（3）调试 Q 开关：再次开启激光电源点燃泵浦光源，在保持激光电源原电流值不变的情况下，启动 Q 开关，绿色光斑不显现。关闭和启动 Q 开关，通过检测输出激光光斑，确定 Q 开关正常工作。

（4）漏光检查：在 Q 开关启动的状态下，加大激光电源的电流值，检查 Q 开关是否漏光。如有漏光现象，微调 Q 开关旋钮至不漏光。

任务实施方案（小组序号：＿＿＿＿）

填写固体激光器调 Q 模块装调任务实施方案表 1-23。

表 1-23　任务实施方案表

序号	工 作 内 容	备注

续表

序号	工 作 内 容	备注
		续表

 **工作记录**

实施固体激光器调 Q 模块装调任务,完成工作记录表 1-24。

表 1-24 工作记录表

工作任务	工作内容	工作记录	
（一）认识声光 Q 开关	1. 声光 Q 开关的部件及其作用	电声转换器	
		声光介质	
		吸声材料	
	2. 声光 Q 开关种类		
	3. Q 开关型号	（1）QS24-5S-S	
		（2）QS27-4S-B-AT1	
		（3）QS68-2.5C-B-GH9	

续表

工 作 任 务	工 作 内 容	工 作 记 录
（二）调 Q 模块装调	1. 装调要求	
	2. 装调步骤	
	3. 任务检测与评估（如何判断调 Q 模块装调后的正确性）	

工作后思考

（1）哪些情况可能导致激光光斑不显现？

_____

_____

_____

_____

_____

（2）如何调整 Q 开关？

_____

_____

_____

（3）如何保证 Q 开关的安装质量？

_____

_____

_____

（4）如何判断调 Q 模块装调后的正确性？

_____

_____

_____

_____

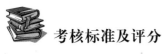 **考核标准及评分**

固体激光器调 Q 模块装调质量考核标准及评分表，见 1-25。

表 1-25　考核标准及评分表

考核环节	考核内容和要求	配分	扣分记录及备注	得分
职业素养	（1）完成课前预习，清楚工作任务和操作流程（2分）； （2）遵守实训室管理规定和劳动纪律（2分）； （3）工服穿戴规范（2分）； （4）爱护实训设备（2分）； （5）注重现场清洁（2分）	10		

续表

考核环节	考核内容和要求	配分	扣分记录及备注	得分
职业素养	(1) 安全意识:工作中无出现违反安全防护的情况(4分); (2) 成本意识:所有元器件完好无损(3分); (3) 团队合作意识:小组分工,团队协作(3分)	10		
工作过程	全反射镜片和部分反射镜片的判断: (1) 结果正确,操作规范(5分); (2) 结果正确,操作不规范(3分); (3) 无结果(0分)	5		
	全反射镜片和部分反射镜片镀膜面的判断: (1) 结果正确,操作规范(5分); (2) 结果正确,操作不规范(3分); (3) 无结果(0分)	5		
	全反射镜片和部分分反射镜片的清洗: (1) 结果正确,操作规范(5分); (2) 结果正确,操作不规范(3分); (3) 无结果(0分)	5		
	全反射镜片和部分反射镜片的安装与初步调整: (1) 结果正确,操作规范(5分); (2) 结果正确,操作不规范(3分); (3) 无结果(0分)	5		
	基准光源装调: (1) 结果正确,操作规范(5分); (2) 结果正确,操作不规范(3分); (3) 无结果(0分)	5		
	聚光腔装调: (1) 结果正确,操作规范(10分); (2) 结果正确,操作不规范(6分); (3) 无结果(0分)	10		

考核环节	考核内容和要求	配分	扣分记录及备注	得分
工作过程	部分反射镜装调： （1）结果正确，操作规范（5分）； （2）结果正确，操作不规范（3分）； （3）无结果（0分）	5		
	全反射镜装调： （1）结果正确，操作规范（5分）； （2）结果正确，操作不规范（3分）； （3）无结果（0分）	5		
工作结果	通电测试： （1）通电源，一次成功，操作规范（10分）； （2）通电源，一次成功，操作不规范（6分）； （3）不成功（0分）	10		
	调整获得理想光斑： （1）结果正确，操作规范（5分）； （2）结果正确，操作不规范（3分）； （3）无结果（0分）	5		
	激光功率测试： （1）结果正确，操作规范（5分）； （2）结果正确，操作不规范（3分）； （3）无结果（0分）	5		
	调 Q 模块装调： （1）结果正确，操作规范（5分）； （2）结果正确，操作不规范（3分）； （3）无结果（0分）	5		

考核环节	考核内容和要求	配分	扣分记录及备注	得分
检测与评估	小组汇报(汇报要点:工作结果、工作实施过程中遇到的问题和解决方案): (1) 结果正确,总结内容完整清晰(10分); (2) 结果正确,总结内容部分完整(8分); (3) 结果不正确,总结内容完整(6分); (4) 结果不正确,总结内容部分完整(4分); (5) 无汇报(0分)	10		
合计		100		

备注:
(1) 在工作中,要懂得激光及用电安全防护,如出现严重违章操作,应立即终止操作,总成绩为 0 分。
(2) 工作过程如出现弄虚作假的情况,总成绩为 0 分。
(3) 工作结果如出现弄虚作假的情况,总成绩为 0 分。
(4) 工作过程中因个人操作不当造成元器件破损,原价赔偿

项目考核及总结

 项目考核标准及评分表

"项目一 固体激光器装调"考核标准与评分表,见表 1-26。

表 1-26 "项目一 固体激光器装调"考核标准与评分表

考核环节	考核内容和要求	配分	扣分记录及备注	得分
职业素养	(1) 遵守实训室管理规定和劳动纪律; (2) 工服穿戴规范; (3) 注重现场清洁,完成清理; (4) 爱护实训设备,所有元器件完好无损; (5) 工作中无出现违反安全防护的情况。 违反 1～3 项,每项扣 5 分,违反 4～5 项,每项扣 10 分,分数扣完为止	10		
工作过程	全反射镜片和部分半反射镜片的判断 (1) 结果正确,操作规范(5分); (2) 结果正确,操作不规范(3分); (3) 无结果(0分)	5		
	全反射镜片和部分反射镜片镀膜面的判断 (1) 结果正确,操作规范(5分); (2) 结果正确,操作不规范(3分); (3) 无结果(0分)	5		
	光学镜片的防护与清洗: (1) 结果正确,操作规范(5分); (2) 结果正确,操作不规范(3分); (3) 无结果(0分)	5		

考核环节	考核内容和要求	配分	扣分记录及备注	得分
工作过程	全反射镜片和部分反射镜片的安装与初步调整： (1) 结果正确，操作规范(5分)； (2) 结果正确，操作不规范(3分)； (3) 无结果(0分)	5		
	基准光源选择、装调及点燃： (1) 结果正确，操作规范(5分)； (2) 结果正确，操作不规范(3分)； (3) 无结果(0分)	5		
	泵浦光源装调(脉冲型激光机)： (1) 泵浦灯极性判断正确(5分)，错误(0分)； (2) 泵浦灯电源线连接正确(5分)，错误(0分)	10		
	YAG棒两端面调试： (1) 一次调整好棒的偏向位置(10分)； (2) 二次调整好棒的偏向位置(8分)； (3) 三次调整好棒的偏向位置(5分)； (4) 四次以上为0分	10		
	谐振腔出射窗口装调： (1) 结果正确，操作规范(5分)； (2) 结果正确，操作不规范(3分)； (3) 无结果(0分)	5		
	谐振腔全反射镜装调： (1) 结果正确，操作规范(5分)； (2) 结果正确，操作不规范(3分)； (3) 无结果(0分)	5		

续表

考核环节	考核内容和要求	配分	扣分记录及备注	得分
工作结果	谐振腔光学系统联调,通电测试,调整获得理想光斑: (1) 会开启激光电源,置激光加工机于手动状态,一次调出圆形激光光斑(15分); (2) 会开启激光电源,置激光加工机于手动状态,二次调出圆形激光光斑(10分); (3) 会开启激光电源,置激光加工机于手动状态,三次调出圆形激光光斑(5分); (4) 不能调出圆形光斑(0分)。	15		
	激光功率或能量测试: (1) 结果正确,操作规范(5分); (2) 结果正确,操作不规范(3分); (3) 无结果(0分)	5		
	调Q模块装调(连续型激光机): (1) 结果正确,操作规范(5分); (2) 结果正确,操作不规范(3分); (3) 无结果(0分)	5		
检测与评估	项目实施过程总结: (1) 结果正确,总结内容完整清晰(10分); (2) 结果正确,总结内容部分完整(8分); (3) 结果不正确,总结内容完整(6分); (4) 结果不正确,总结内容部分完整(4分); (5) 无汇报(0分)	10		
合计		100		

备注:
(1) 在工作中,要懂得激光及用电安全防护,如出现严重违章操作,应立即终止操作,总成绩扣50分。
(2) 工作过程如出现弄虚作假的情况,总成绩扣50分。
(3) 工作结果如出现弄虚作假的情况,总成绩扣50分。
(4) 职业素养中的考核内容出现不及格,除扣除配分外,要求必须改正

"项目一　固体激光器装调"实施过程总结

（1）请绘制固体激光器系统组成示意图（20分）。

（2）项目工作任务及任务要求（10分）。

工作任务：固体激光器装调。

任务要求：

① 能正确进行固体激光器装调前的器件检验；

② 能正确进行固体激光器装调；

③ 通电测试，固体激光器能正确出激光；

④ 观察调整能获得理想激光光斑；

⑤ 能完成激光功率及光束质量测试；

⑥ 能正确进行调 Q 模块装调；

⑦ 撰写本项目实施过程总结。

（3）填写工作前材料、工具准备表 1-27（20分）。

表 1-27 材料及工具准备表

序号	名　　称	数量	备　　注	
1				固体激光器器件
2				
3				
4				
5				
6				
7				
8				
9				
10				清洁用品
11				
12				
13				
14				
15				
16				

续表

序号	名　称	数量	备　注
17			
18			
19			
20			工量具
21			
22			
23			
24			

（4）制定、填写固体激光器装调工作计划表 1-28（30 分）。

表 1-28　工作计划表

步骤	工　作　内　容	备注
1		
2		
3		
4		装调前器件检验
5		
6		
7		

续表

步骤	工作内容	备注	
8		基准光源装调	实施装调
9		聚光腔装调	
10			
11			
12		谐振腔装调	
13			
14		通电调试	
15		测试激光功率及光束质量	
16			
17		调 Q 模块装调	
18		项目考核及总结	

（5）工作结果记录及结果分析（10 分）。

_____

_____

_____

_____

（6）工作实施中遇到的问题和解决问题的方案（10 分）。

_____

_____

_____

_____

_____

项目二　光路传输系统装调

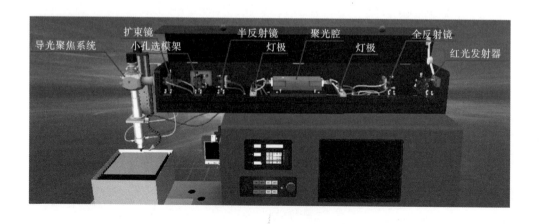

任务 1　光路传输系统扩束镜装调及扩束能力测定

 任务目标

光路传输系统扩束镜装调及扩束能力测定。

 任务要求

（1）完成固体激光器系统装调，正确出激光；

（2）完成光路传输系统扩束镜装调；

（3）测量扩束镜的扩束能力。

 任务实施方案（小组序号：_____）

填写光路传输系统镜装调及扩束能力测定任务实施方案表 2-1。

表 2-1　任务实施方案表

序号	工作内容	备注

续表

序号	工作内容	备注

 **工作前准备**

（1）根据课文内容填写导光及聚焦系统知识于表 2-2。

表 2-2　知识准备

导光及聚焦 系统类型	
光路静止型扫描 方式特点	
光路运动型扫描 方式特点	
常见设备的导光及 聚焦系统部件构成	

（2）请绘制激光光束通过扩束镜光路变换示意图。

工作记录

实施光路传输系统扩束镜装调及扩束能力测定,完成工作记录表2-3。

表 2-3　工作记录表

工作任务	工 作 内 容		工 作 记 录
（一）认识扩束镜	1. 开普勒式扩束镜系统	组成	
		导光的光路示意图	
		成像特征	
	2. 伽利略式扩束镜系统	组成	
		导光的光路示意图	
		成像特征	

续表

工作任务	工作内容	工作记录	
（一）认识扩束镜	3. 大多数激光设备采用哪种类型的扩束镜? 为什么?		
（二）扩束镜装调	1. 扩束镜装调质量对激光加工效果的影响		
	2. 扩束镜装调要求		
（三）扩束镜扩束能力测定	1. 扩束前光斑直径 a_1（mm）	数值计算及分析:	
	2. 扩束后光斑直径 a_2（mm）		
	3. 扩束镜扩束倍数 a_2/a_1		

任务 2　振镜扫描系统装调

任务目标

振镜扫描系统装调。

任务要求

（1）完成固体激光器系统装调，正确出激光；

（2）完成光路传输系统扩束镜装调及扩束能力测定；

（3）完成振镜 X、Y 方向扫描系统装调；

（4）联调后正确。

任务实施方案（小组序号：＿＿＿＿）

填写振镜扫描系统装调任务实施方案表 2-4。

表 2-4　任务实施方案表

序号	工 作 内 容	备注

续表

序号	工 作 内 容	备注

 **工作记录**

实施振镜扫描系统装调任务,完成工作记录表 2-5。

表 2-5 工作记录表

序号	输 入 图 形	输 出 图 形	原因分析与解决方法
1	四方形 50×50 mm		
2	半径为 50 mm 的圆		

 工作后思考

(1) 请绘制振镜扫描系统简单示意图,并写出其主要组成元器件。

_____

_____

_____

_____

(2) 如何检验振镜扫描系统装调后的正确性?

_____

_____

_____

_____

任务 3　$f\text{-}\theta$ 聚焦物镜装调

任务目标

$f\text{-}\theta$ 聚焦物镜装调。

任务要求

（1）完成固体激光器系统装调，正确出激光；

（2）完成光路传输系统扩束镜装调及扩束能力测定；

（3）完成振镜扫描系统装调；

（4）完成聚焦物镜装调，测量 $f\text{-}\theta$ 聚焦物镜聚焦后的光斑直径。

任务实施方案（小组序号：＿＿＿＿）

填写 $f\text{-}\theta$ 聚焦物镜装调任务实施方案表 2-6。

表 2-6　任务实施方案表

序号	工 作 内 容	备注

续表

序号	工 作 内 容	备注

 **工作记录**

实施 $f\text{-}\theta$ 聚焦物镜装调,完成以下工作记录。

(1)调出理想激光光斑,打出光斑图样(至少有一条直线),测量 $f\text{-}\theta$ 聚焦物镜聚焦后的光斑直径。

(2)根据实训结果填写测量报告表 2-7。

表 2-7 测量报告表

	聚焦物镜 1	聚焦物镜 2
焦距		
最小光斑直径		
有效加工范围		
结论		

(3)记录在显微镜下观察到的光斑图样。

项目考核及总结

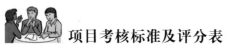 **项目考核标准及评分表**

"项目二 光路传输系统装调"考核标准及评分表,见表2-8。

表 2-8 "项目二 光路传输系统装调"考核标准及评分表

考核环节	考核内容和要求	配分	扣分记录及备注	得分
职业素养	（1）遵守实训室管理规定和劳动纪律； （2）工服穿戴规范； （3）注重现场清洁,完成清理； （4）爱护实训设备,所有元器件完好无损； （5）工作中无出现违反安全防护的情况。 违反1-3项,每项扣5分；违反4-5项,每项扣10分,分数扣完为止	10		
工作准备	完成"项目二 光路传输系统装调"的相关内容 （1）在激光器出光口正确出激光,光斑质量高（5分）； （2）在激光器出光口正确出激光,光斑质量一般（3分）； （3）在激光器出光口不出激光。（0分）。 （4）操作规范（5分）； （5）操作部分规范（2分）； （6）操作不规范（0分）	10		
工作过程	扩束镜装调： （1）结果正确,操作规范（10分）； （2）结果正确,操作不规范（5分）； （3）无结果（0分）	10		
	扩束镜扩束能力测定： （1）结果正确,操作规范（10分）； （2）结果正确,操作不规范（5分）； （3）无结果（0分）。 结果记录：	10		

续表

考核环节	考核内容和要求	配分	扣分记录及备注	得分
工作过程	聚焦物镜装调及聚焦能力测定： (1) 结果正确,操作规范(5分)； (2) 结果正确,操作不规范(3分)； (3) 无结果(0分)。 聚焦镜焦距：＿＿＿＿＿(5分) 打标范围：＿＿＿＿＿(5分) 聚焦线宽：＿＿＿＿＿(5分)	20		
	光学镜片的防护与清洗： (1) 结果正确,操作规范(5分)； (2) 结果正确,操作不规范(3分)； (3) 无结果(0分)。	5		
工作结果	通电测试,在工作台上获得理想激光光斑： (1) 在工作台上一次调出圆形激光光斑(20分)； (2) 在工作台上二次调出圆形激光光斑(10分)； (3) 在工作台上三次调出圆形激光光斑(5分)； (4) 不能调出圆形光斑(0分)。	20		
	激光功率或能量测试： (1) 结果正确,操作规范(5分)； (2) 结果正确,操作不规范(3分)； (3) 无结果(0分)。	5		
检测与评估	项目实施过程总结： (1) 结果正确,总结内容完整清晰(10分) (2) 结果正确,总结内容部分完整(8分) (3) 结果不正确,总结内容完整(6分) (4) 结果不正确,总结内容部分完整(4分) (5) 无汇报(0分)	10		
合计		100		

备注：
(1) 在工作中,要懂得激光及用电安全防护,如出现严重违章操作,应立即终止操作,总成绩扣50分。
(2) 工作过程如出现弄虚作假的情况,总成绩扣50分。
(3) 工作结果如出现弄虚作假的情况,总成绩扣50分。
(4) 职业素养中的考核内容出现不及格,除扣除配分外,要求必须改正。

"项目二 光路传输系统装调"实施过程总结

（1）绘制固体激光设备光路系统示意图（20 分）。

① 连续型固体激光打标机光路系统。

② 脉冲型固体激光焊接机光路系统。

（2）工作任务及任务要求（10 分）。

工作任务：光路传输系统装调。

任务要求：

① 完成"项目二　光路传输系统装调"相关内容，正确出激光，光斑质量高；

② 完成光路传输系统扩束镜装调及扩束能力测定；

③ 完成振镜扫描系统装调；

④ 完成聚焦物镜装调及聚焦能力测定；

⑤ 撰写项目实施过程总结。

（3）填写工作前材料、工具准备表 2-9（20 分）。

表 2-9　材料及工具准备表

序号	名　称	数量	备　注	
1				光路系统装调器件
2				
3				
4				
5				
6				
7				
8				
9				
10				
11				
12				
13				清洁用品
14				
15				
16				
17				
18				
19				

续表

序号	名　称	数量	备　注	
20				
21				
22				
23			工量具	
24				
25				
26				
27				

（4）制定、填写工作计划表 2-10（30 分）。

表 2-10　工作计划表

项目	步骤	工作内容	备注	
项目一 固体激光器装调	1-1		识别光路及元器件（装调前器件检验）	
	1-2			
	1-3			
	1-4			
	1-5		基准光源装调	实施装调
	1-6		聚光腔装调	
	1-7		谐振腔装调	
	1-8			